★かんがえるタネ★

牛乳から世界がかわる

酪農家になりたい君へ

小林国之

農文協

①酪農という仕事

はじめまして
モ～太郎と申します
突然ですが
酪《らく》農《のう》
酪農と聞いてどんなことを思いますか？
“牛のお乳を搾る仕事”である酪農は
乳牛の一生に関わることができる尊い仕事
牛と一緒に暮らすという覚悟がないとできない仕事です
牛の成長
仔牛の出産
搾乳
そして
年月が経ち出るお乳が少なくなった牛とのお別れ
食と命に向き合う仕事だね
人間はその貴重な牛の
お乳やお肉をいただいているのだ
大切にしたいね
牛乳

②一杯の牛乳から世界が見える

ウクライナ・ロシアなどの国際問題も大きく影響しますし
また牛が幸せに暮らすには
どうしたら良いのか
日々考えます
ただ牛を飼っていれば
牛乳が生産されるわけではないのだ
ちょーだい
!!
ドドドド
わー
それらを〝農業経済学〟の小林先生に教えてもらうよ
酪農家になりたい人酪農に興味がある人はぜひ読んでみてね！
もぐ
もぐ

③日本の酪農の歴史

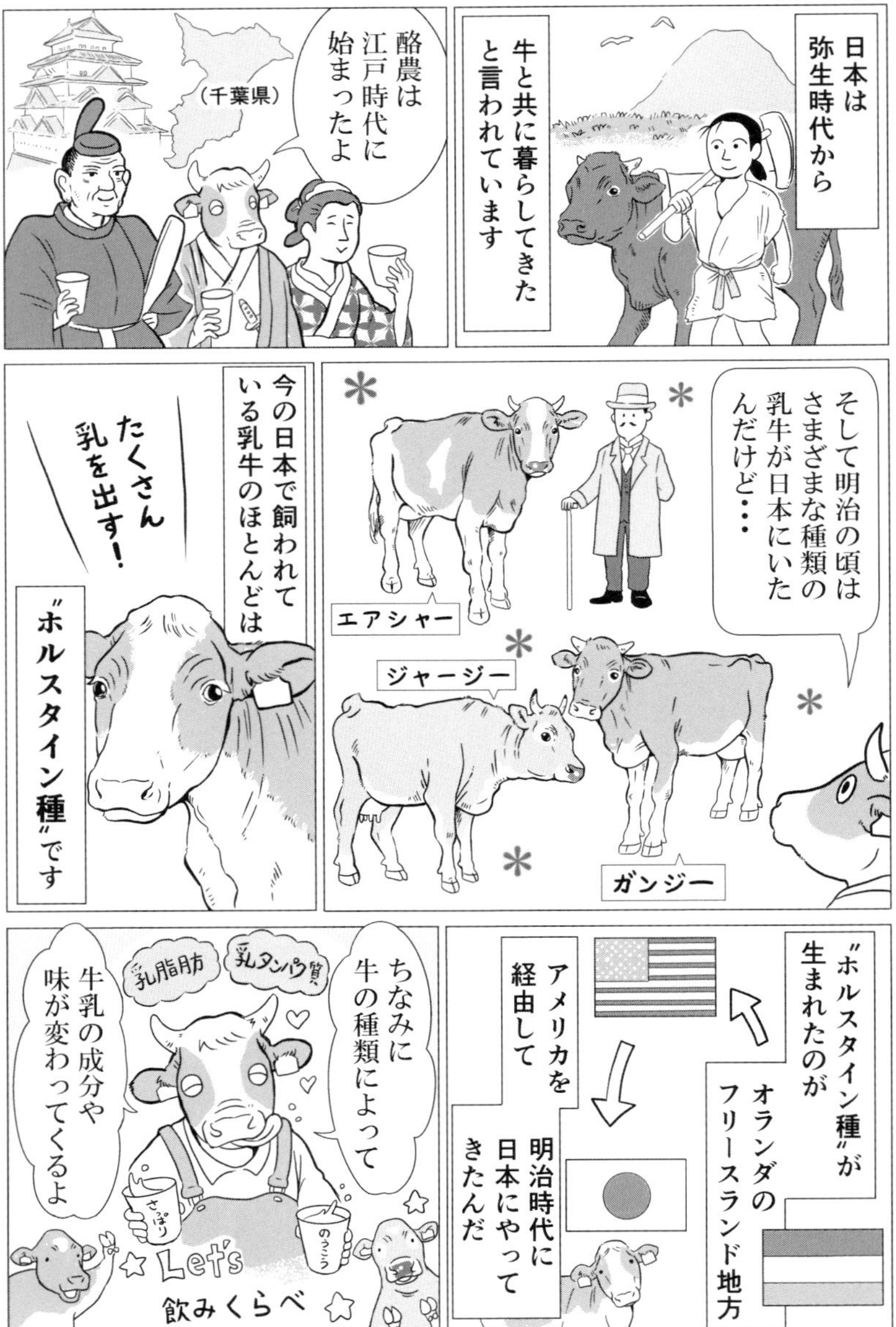
日本は弥生時代から
牛と共に暮らしてきたと言われています
酪農は江戸時代に始まったよ
（千葉県）
そして明治の頃はさまざまな種類の乳牛が日本にいたんだけど・・・
エアシャー
ジャージー
ガンジー
今の日本で飼われている乳牛のほとんどは
〝ホルスタイン種〟です
たくさん乳を出す！
〝ホルスタイン種〟が生まれたのが
オランダのフリースランド地方
アメリカを経由して
明治時代に日本にやってきたんだ
ちなみに牛の種類によって
牛乳の成分や味が変わってくるよ
乳脂肪
乳タンパク質
さっぱり
のうこう
Let's
飲みくらべ

④乳牛の飼い方

牛と暮らす生活って
どんなイメージがありますか?
広い草原 青い空
のんびりした日々・・・
いやいやいやいや
No!!
毎日やることがいっぱいなのだ
牛にエサを食べさせ
乳だって搾る
ふん尿の処理も大変
そんな牛を飼う牛舎には 2つの種類がある
それは
人が動くか 牛が動くか
少頭飼いのとき
人が動く
規模が小さい時には 人が牛のところに行き 搾乳やエサやりをする
繋ぎ牛舎
多頭飼いのとき
牛が動く
頭数が多い場合 牛に動いてもらった ほうが作業効率が良い
ぞろぞろ…
フリーストール牛舎
フリーバーン牛舎
牛にストレスをかけない飼い方を選ぶよ

⑤乳牛の生活サイクル

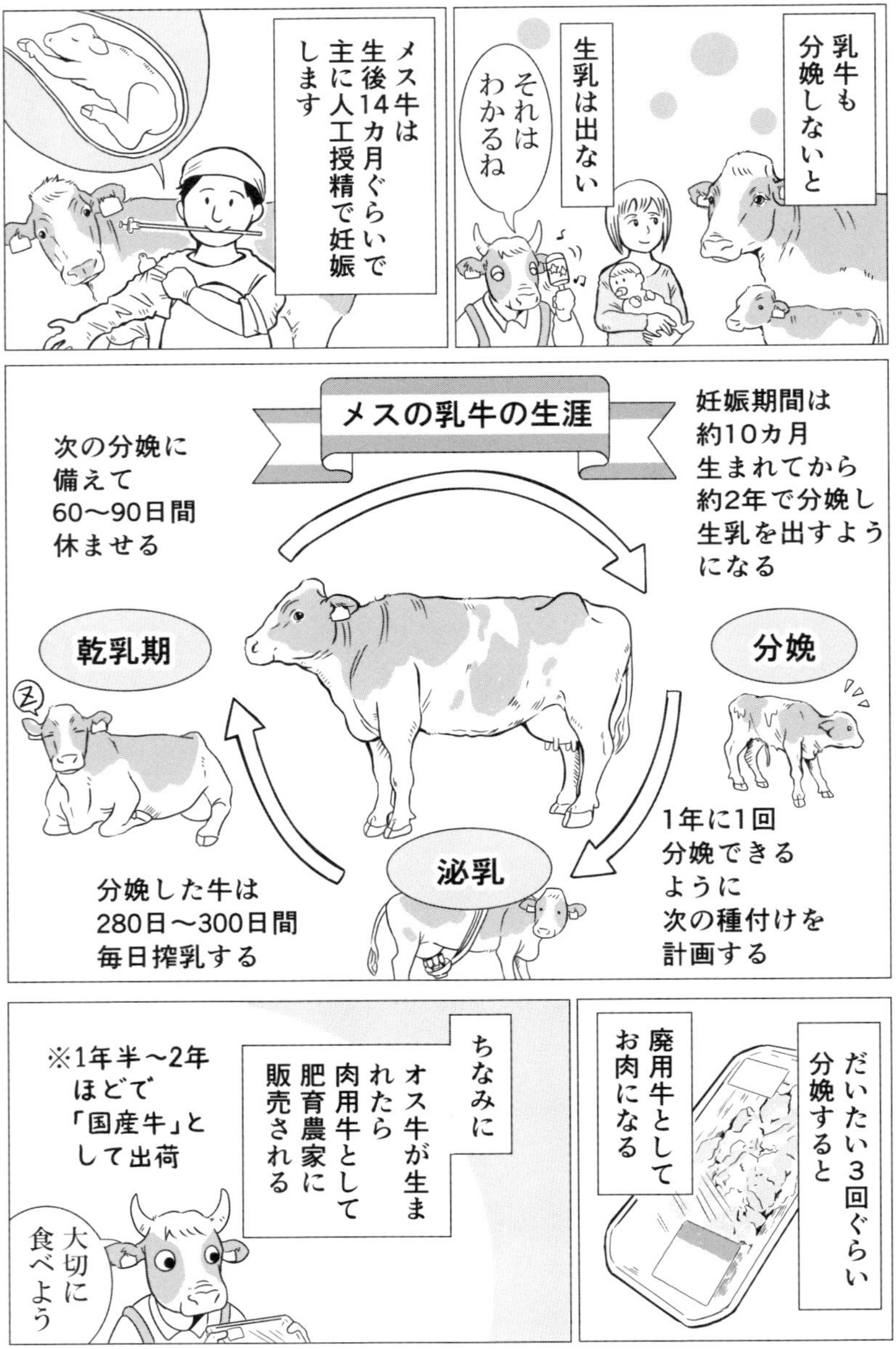
乳牛も分娩しないと
生乳は出ない
それはわかるね
メス牛は生後14カ月ぐらいで主に人工授精で妊娠します
メスの乳牛の生涯
妊娠期間は約10カ月
生まれてから約2年で分娩し生乳を出すようになる
分娩
1年に1回分娩できるように次の種付けを計画する
泌乳
分娩した牛は280日～300日間毎日搾乳する
乾乳期
次の分娩に備えて60～90日間休ませる
だいたい3回ぐらい分娩すると
廃用牛としてお肉になる
ちなみにオス牛が生まれたら肉用牛として肥育農家に販売される
※1年半～2年ほどで「国産牛」として出荷
大切に食べよう

⑥生乳の流通はすごい！

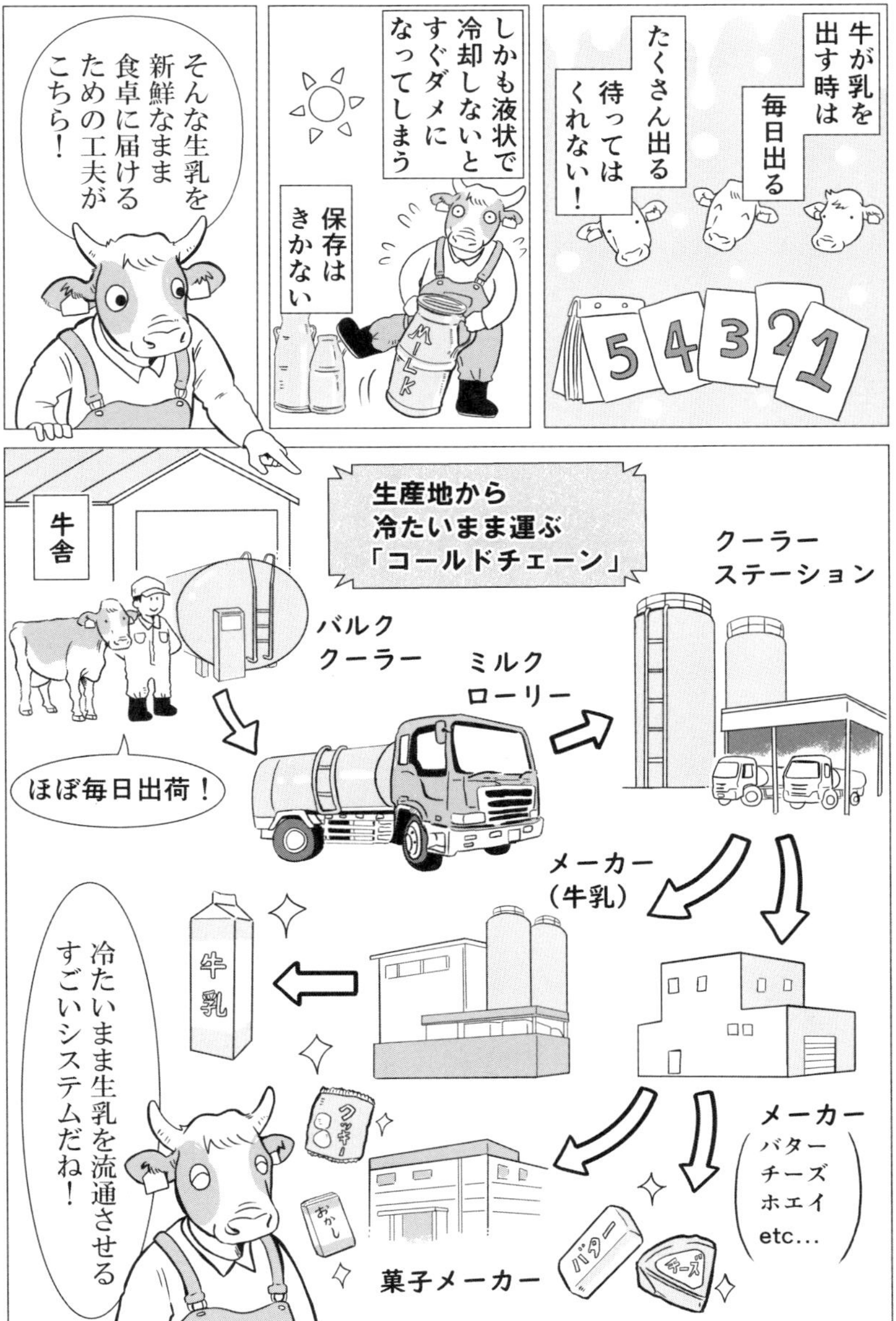

牛が乳を出す時は
毎日出る
たくさん出る
待ってはくれない！
5 4 3 2 1
しかも液状で冷却しないとすぐダメになってしまう
保存はきかない
MILK
そんな生乳を新鮮なまま食卓に届けるための工夫がこちら！
生産地から冷たいまま運ぶ「コールドチェーン」
牛舎
バルククーラー
ほぼ毎日出荷！
ミルクローリー
クーラーステーション
メーカー（牛乳）
牛乳
メーカー
バター
チーズ
ホエイ
etc…
クッキー
おかし
菓子メーカー
バター
チーズ
冷たいまま生乳を流通させるすごいシステムだね！

⑦排泄物は生産物

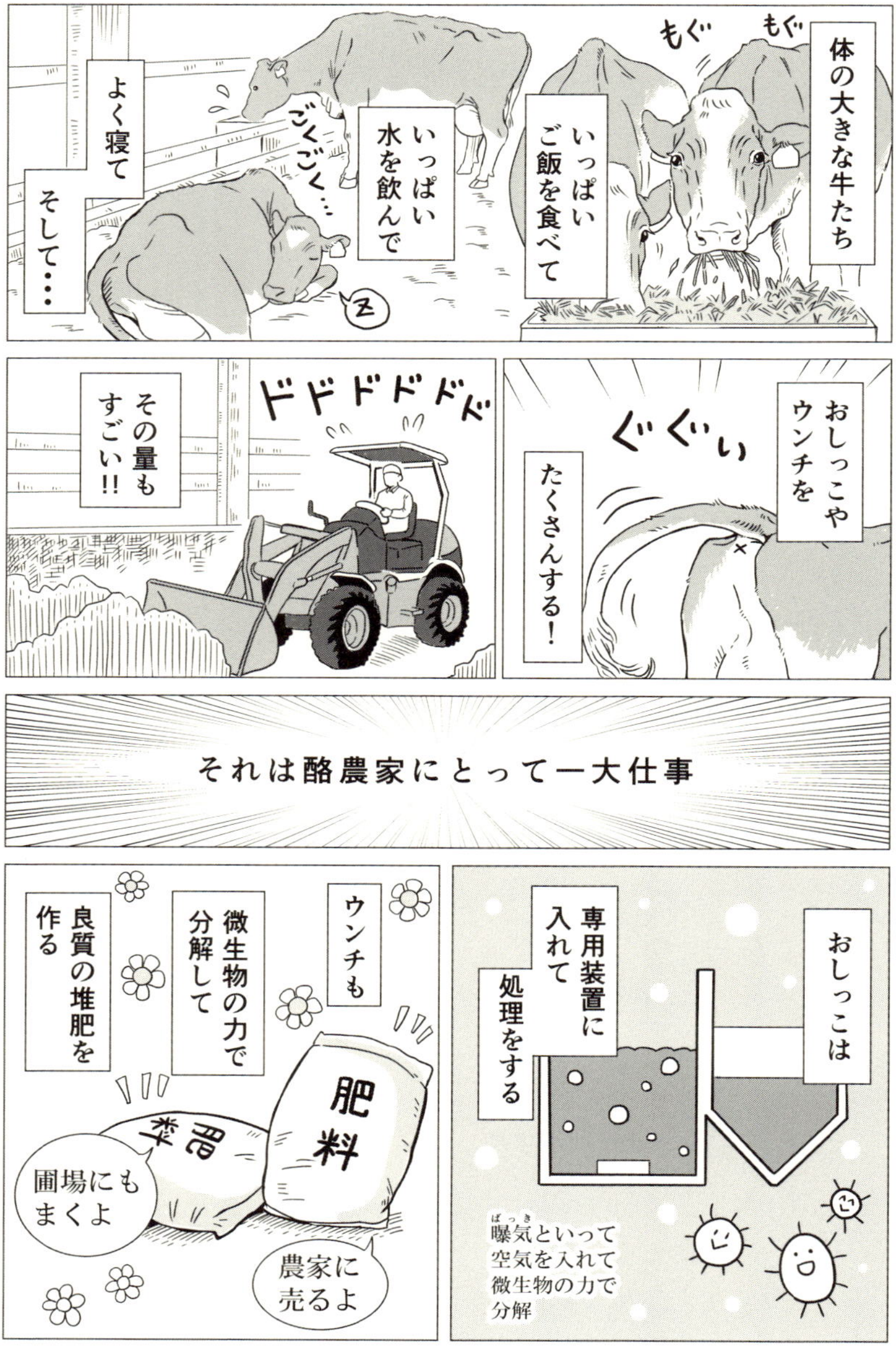
体の大きな牛たち
もぐ もぐ
いっぱい
ご飯を食べて
いっぱい
水を飲んで
ごくごく…
よく寝て
そして…
Z
おしっこや
ウンチを
ぐぐい
たくさんする!
ドドドドドド
その量も
すごい!!
それは酪農家にとって一大仕事
おしっこは
専用装置に
入れて
処理をする
曝気《ばっき》といって
空気を入れて
微生物の力で
分解
ウンチも
微生物の力で
分解して
良質の堆肥を
作る
肥料
肥料
農家に
売るよ
圃場にも
まくよ

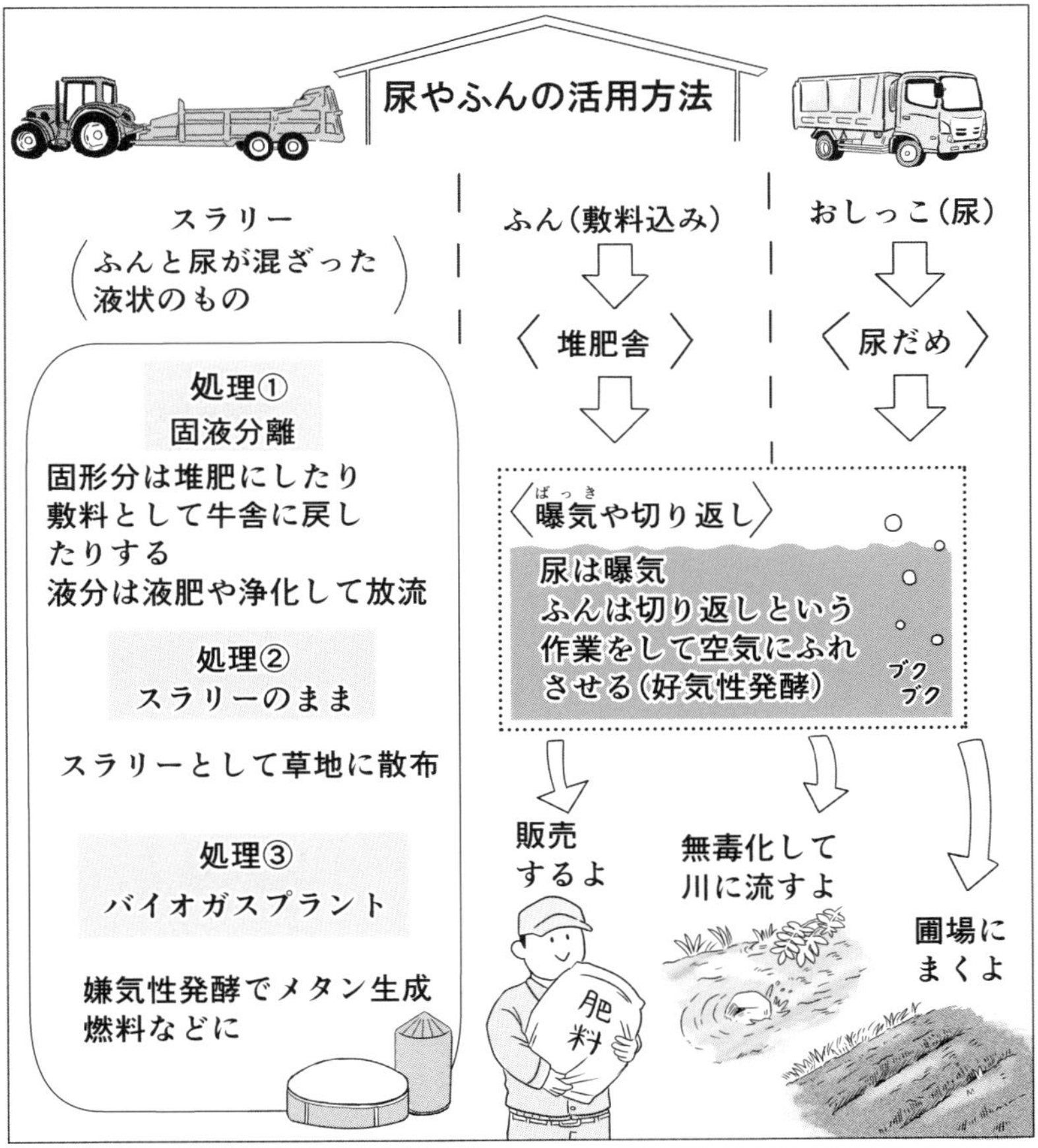

尿やふんの活用方法
スラリー（ふんと尿が混ざった液状のもの）
処理①
固液分離
固形分は堆肥にしたり敷料として牛舎に戻したりする
液分は液肥や浄化して放流
処理②
スラリーのまま
スラリーとして草地に散布
処理③
バイオガスプラント
嫌気性発酵でメタン生成
燃料などに
ふん（敷料込み）
〈堆肥舎〉
おしっこ（尿）
〈尿だめ〉
〈曝気《ばっき》や切り返し〉
尿は曝気
ふんは切り返しという作業をして空気にふれさせる（好気性発酵）
ブク
ブク
販売するよ
肥料
無毒化して川に流すよ
圃場にまくよ

これは食べちゃダメー
モー!!

ウンチやおしっこは酪農家にとってとても大切な生産物です
地球にも優しいよ
むしゃ…
むしゃ…
キャベツ

⑧酪農家になるには

ON AIR
DJ
高校生からの質問です
どうしたら酪農家になれますか？
MOO MOO RADIO
たしかにどうしたら酪農業に携わることができるのかわからないよね
酪農業に従事するには大きく2つの働き方があるよ！
就農して経営者になる（酪農家になる）
従業員として雇用される
そして現場で働くには知識と実践が必要なんだ
知識（座学）
※OJT
実践（現場での研修）
※OJT…実践を通じて知識やスキルを身につけること
畜産を学べる場所は
大学・専門学校
農業大学校
畜産・酪農研修センター
研修を受け入れている牧場など
全国各地にあるよ
他にも酪農家に関わる仕事はたくさんあるんだよ！
獣医師
人工授精師
JA・ホクレン
酪農ヘルパー
乳業メーカー
飼料メーカー
etc
多くの人と仕事が酪農を支えているんだ

目次

座学編

座学編

酪農を知れば、世界がわかる

——日本の酪農のお話

牛は人間が食べられない「草」を食べて生きている

草を食べる牛、それを飼う酪農という仕事

みなさんはふだん、牛乳を飲みますか?

学校給食に欠かせない牛乳は、人間の体を作るために必要なタンパク質やカルシウムを豊富に含んでおり、私たちの生活に必要な食品の一つです。牛乳だけではなく、**乳牛から搾られる乳（生乳《せいにゅう》といいます）**は、さまざまな姿となって私たちの食卓を彩ってくれています。バターやチーズ、アイスクリームの原料となる生クリームなども、身近なものですね。

他にも、生乳から脂肪分を取り除いたものを加熱して乾燥させた「脱脂粉乳」というものもあります。スーパーなどで目にする機会は少ないですが、さまざまな食品の原材料として使われていま

図　主な牛乳乳製品の製造工程

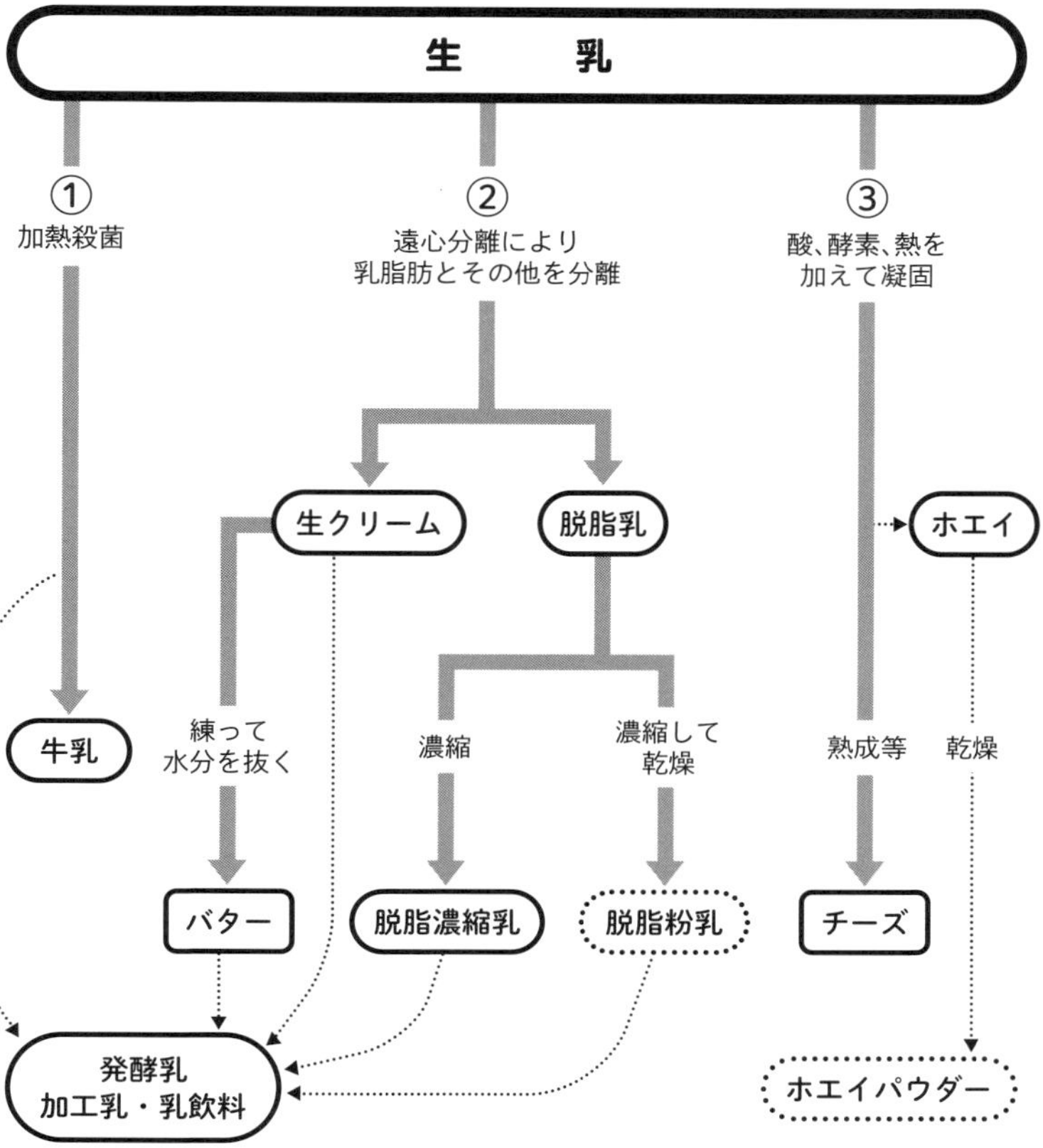

※1　牛乳乳製品の製造は、主に①牛乳等、②脱脂粉乳・バター等、③チーズの3系統に分けられる。

※2　原料である生乳の各牛乳乳製品への配分は、基本的には、まず、日々の需用にもとづき、日もちのしない製品（牛乳、発酵乳、生クリーム、フレッシュチーズ等）にあてられ、残りが日もちのする製品（脱脂粉乳、バター、ハード系熟成チーズ等）に向けられる。

液状　粉末　固形

出所：農林水産省畜産局「主な牛乳乳製品の製造工程と生乳の配分」より一部改変

す。身近なところではヨーグルトの原料となっています。

牛は、人間が利用することができない「草」を食べて生きる「草食動物」です。人間は、直接食べることができない草を、牛を通じて乳や肉に変えてもらうことによって、人間にとって重要な栄養素であるタンパク質や脂肪を得てきました。このように、**草や土との循環の中で暮らしている牛を、人間にとって有益なものを生産するために飼うのが、「酪農」という仕事（または生業《なりわい》）です。**

日本の酪農は、エサを輸入に頼っている

牛乳や乳製品にまつわるイメージとして「草原の上にいる牛」を思い描く人も多いかもしれません。または高原の牧場《まきば》で美味しそうに草を食《は》む牛の姿や、ヨーロッパの農村風景を連想する人もいるかもしれません。

しかしこうしたイメージとは異なり、**現在の日本の酪農は、エサの多くを外国から輸入した飼料を与えることで成り立っています。**飼料の種類も牧草だけではなく、輸入されたトウモロコシや大豆油カスなどの穀物もたくさん与えて育てられています。

飼料には大きく2つの種類があります。牧草やデントコーンなどの「粗飼料」と、トウモロコシ

や大豆油カスなどの「濃厚飼料」です。反芻動物である牛が本来食べてきたものが、牧草などの粗飼料です。粗飼料には牛に必要な栄養（炭水化物、タンパク質、脂質、ミネラルなど）がすべて含まれていますが、特に炭水化物のもととなる繊維質が多く含まれます。繊維質は牛のルーメン（第1胃）の中で微生物によって分解されて栄養となるほか、牛の胃袋を物理的に刺激して反芻をうながして消化効率を良くするという効果もあります。

乳量がそれほど高くない場合には粗飼料中心のエサで良いのですが、高い乳量を生産するためにはより多くの栄養が必要になります。

一方で、牛の胃袋の体積は限られていますので、必要な栄養を粗飼料だけから摂取しようとすると、胃袋が一杯となってしまいますので困難になります。そこで、より栄養の密度の濃い飼料をエサにすることで、そのことを解決します。それが濃厚飼料と呼ばれるトウモロコシなどなのです。

このように**酪農家は粗飼料と濃厚飼料を自分の牛が求める栄養に応じて組み合わせてエサを設計しているの**です。

また、牧草地には草が生えていますが、それらの多くは自然に生えているものではなく、酪農家が牛の飼料に適した草の種を購入して、育てているものです。

私自身も、酪農の研究を始める前は、北海道の農村部を走っていて目にする牧草地は自然に生え

はみだし デントコーンは別名「青刈りとうもろこし」。完熟前に収穫して、丸ごとエサにする

ている草だと思っていました。が、**牧草は種を播いて、肥料を散布して「育てている」**のだと知った時は驚きました。

今、日本の酪農家が飼っている牛はほとんどが「ホルスタイン種」という乳牛で、人間がより高い生産性を上げることを目的として育種してきた品種です。改良してきた乳牛の能力を発揮させるためには、栄養価の高いエサが必要になります。さらに酪農業の発展につれて、乳牛の改良とともに、牧草などの品種改良も行ってきました。牧草をたくさん育てるために、家畜のふん尿だけではなく、化学肥料も利用して生産性を上げてきました。

日本では現在、年間761万トンの生乳（2022〈令和4〉年）が、135万6000頭の牛（2023〈令和5〉年2月）から生産されていますが、これは、国内の牧草地（土地）で化学肥料によって生産性を高めた飼料と、輸入された飼料から生産されているものです。

つまり、外部からの資源を活用することで生産量を維持、拡大してきたのが日本の酪農なのです。なぜ、このような酪農が日本では発展してきたのでしょうか。それを知るには日本の酪農を少し歴史的に振り返る必要があります。

都会の牛と田舎の牛は役割が違う

現在の日本の社会は、多くの人たちは都市部に住み、酪農は主に広い土地がある農村部で行われるようになっています。社会や経済の発展とともに、生産と消費の場が空間的にも仕事的にも分離していったのが、近代社会としての「発展」の歴史です。

そうした中で、人々にとって必要な乳製品を生産する酪農業も、二つの方向性で展開をしていきました。一つは都市近郊における酪農と、もう一つは農村部で「生産団地（特定の地域に酪農経営を集積させ、政策的な支援によって酪農を発展させてきた地域のこと）」として発展していく酪農です。

日本の酪農の始まりは、都市近郊における酪農でした。日本にホルスタイン種が導入されたのは江戸時代の享保年間で、千葉県の嶺岡乳牛研究所内には「日本酪農発祥之地」の記念碑があります。一般の人びとに向けて酪農生産が始められるのは、明治時代になってからです。

また草を食べて生きる乳牛ですが、都府県でもかつては、河川敷などで牛を繋いで草を食べさせる「繋牧《けいぼく》」というやり方が広く見られましたし、山間地域では「山地《やまち》酪農」といって、日本固有の

はみだし　1728年に八代将軍徳川吉宗の命で千葉県の嶺岡牧で白牛を飼ったのが日本の酪農の始まり

千葉県の嶺岡乳牛研究所内にある「日本酪農発祥之地」の記念碑（©2010 南房総市）

草地資源であるノシバを活用した酪農振興が行われていきました。

その一方で、生乳を求める消費者は都会に多く住んでいます。昔は「コールドチェーン」と呼ばれる、ものを冷たいまま流通させる仕組みが整備されていませんでした。**そこで、都会の近くで限られた粗飼料を与えながら、牛を飼うというやり方が発展していきます。都会の食品業者から廃棄される副産物をエサとして活用した「カス酪」と呼ばれるスタイルです。**

日本の乳製品市場の特徴として、「飲用乳として消費する」割合の多さがありますが（**Lecture ❸**参照）、飼料を生産できる土地が多く都会と離れている地域では、バターや脱脂粉乳などの加工乳製品が製造されていきます。その典型が北海道です。

北海道では、今は道東や道北が主要な酪農地帯となっていますが、始まりは札幌でした。「北海道酪農の父」と呼ばれる宇都宮仙太郎は、アメリカやデンマークの酪農について学んできた人です。**宇都宮は1891年に札幌市の北1条西16丁目（西15丁目の記述もあり）に宇都宮牧場を設置**し、同業者と「札幌牛乳搾取業組合」を作り、牛乳の販売を行っています。その後、国の北海道開拓政策の振興とともに、土地が豊富にある道東地域（十勝、根釧《こんせん》など）において、草地資源を活用した酪農が広がっていくことになります。

こうした地域は消費地から遠く離れているので、搾った生乳を主にバターに加工してから流通させる必要がありました。バター以外にも、練乳や脱脂粉乳など保存のきく乳製品に加工することで拡大していきました。

第二次世界大戦後に酪農振興は本格的になり、1954年には「酪農振興法（酪農及び肉用牛生産の振興に関する法律）」が制定されます。これは酪農の生産団地を整備し、物流システムや、生乳の取り扱いを行う指定団体（北海道ではホクレンのこと。**Lecture ❸**参照）を組織することで、遠隔地での酪農振興を目指す法律でした。

はみだし　宇都宮牧場はのちに白石区菊水へ移転。現在の札幌市北1条西16丁目には、北海道知事公館がある

脂肪分の高い牛乳を搾るためのエサって？

酪農が盛んになるにつれ、生産性を上げるということが重要なテーマになりました。そこで取り組まれたのが牛の飼い方の改良で、エサについても研究が盛んになりました。

戦後は、自然条件の厳しいところが草地として開発されました。また、自然草地（ノシバなどの自然に生えている草地）を利用した山地での酪農も取り組まれてきました。山地酪農では、特に夏の間に草地から摂取できる栄養分が不足する傾向にあるため、脂肪分が高くなりにくく、脂肪分の低い生乳となってしまいます。

その一方で、**１９８７（昭和62）年に生産者団体と乳業メーカーとの間の交渉により、乳脂肪分取引基準が３・２％から３・５％に引き上げられました。**これは消費者によりよい牛乳を届けるという業界の意向があったのですが、こうした基準に対応することが困難な山地酪農は、以降減少していくことになります。

都府県では、カス酪のように限られた飼料を基盤にするのではなく、輸入した牧草で生産するやり方が一般化していきます。さらに育てる牧草についても、品種改良された種子を播種し、化学肥料も投入することによって、反収を量、質ともに増やしていきました。
草地は年数が経つにつれて、当初植えた牧草だけではないさまざまな草が生えてきます。そうした草もたいていは牛にとっては飼料となるのですが、栄養価という面から見ると、どうしても劣ってしまいます。そこで雑草や裸地が増えた牧草地を一度リセットする、「草地更新」が一定期間のうちに行われるのです。耕起をして除草剤をまき、あらたに牧草の種を播種して草地をつくりなおします。こうした更新を定期的に行うことで、牧草の生産性を維持しているのです。そのほかにも、デントコーンという家畜用のトウモロコシの栽培も盛んに行われています。

まとめ

人間は、自らは食べられない「草」を食べて生きる牛を育て、その乳や肉でタンパク質や脂肪を得てきた。

現在の日本の酪農は、エサの多くを外国からの輸入に頼っている。

日本の生乳の取引基準では脂肪分の割合が決まっている。それに対応することが難しかった山地酪農は減少していった。

Column ❶

こんなに違う！　世界の酪農

日本の酪農の発展の歴史をごく簡単に紹介しましたが、日本には固有の酪農のやり方があったのではなく、主にアメリカやデンマークのやり方の真似から始まったことが、歴史をひもとくとわかります。世界的に見ると、各国の酪農は、その土地の気候風土に合った飼料生産基盤をもとにして、さまざまな形態の酪農を発展させてきました。ここから少し世界の酪農について紹介しましょう。

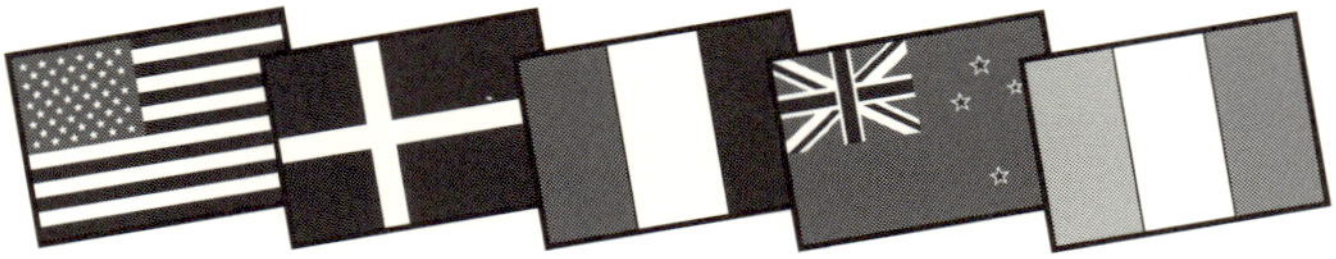

【アイルランド＆ニュージーランド──低コストな酪農を追求】

アイルランドでは、島の資源を活かして放牧を中心とした酪農が発展しています。北緯50度以上に位置する島国です。年間平均気温が12度、降水量が732ミリメートル。穀物などを育てるには厳しい条件ですが、草を育てるのには理想的な国で、200種類の緑色がある、といわれるくらいの緑の島です。

北半球の緑の島がアイルランドだとしたら、南半球の緑の島はニュージーランドです。ニュージーランドでも、放牧を中心とした非常に低コストな酪農が展開されています。ニュージーランドは、1980年代に徹底した自由化政策をとりました。その一貫として、農業に対するさまざまな保護政策も廃止します。そうした中で大勢の酪農家が離農をしていくのですが、生き残るための方策として、低コストな酪農としての放牧酪農を追求していきました。

ニュージーランドでは牧草が生育する時期にだけ酪農を行い、冬の時期は「乾乳期間」として酪農は行わず、搾乳施設も夏の間だけ必要なので、立派な建物は建てずに、移動式のパーラーと呼ばれる施設を放牧地に持って行き搾乳する、というスタイルを確立していきました。その結果として、今や世界で最も低コストな酪農を作り上げています。

【フランス――地域の食文化と結びついた酪農】

ヨーロッパでも最大の農業国であるフランスでは酪農も盛んですが、その酪農は地域の文化（食文化）と深く結びついて存在しています。パリ郊外の地域は穀倉地帯で、大規模な酪農経営がなされています。土地の条件に恵まれていることもあり、穀物やデントコーンを栽培し、そのエサを与えるため1頭あたりの乳量も高い酪農です。

その一方で、たとえば、アルプス山脈の西側の地域は標高1000～2000メートルのあたりに、高山植物が生えている山岳地帯があります。そうした山地の草資源を利用しながら、夏の間に放牧酪農が行われています。地域の条件に合った固有の品種の乳牛（タリーヌやアボンダンスなど）が飼養され、そこから生産された生乳で、伝統的なチーズが生産されています。

それらのチーズは「AOC（Appellation d'Origine Contrôlée、原産地統制呼称制度）」と呼ばれる保護制度によって、地域の独自ブランドとして付加価値が付けられ、地元のみならず広く世界中に販売されています。コンテや、ボーフォールと呼ばれるチーズは、日本でもチーズ専門店などに行けば手に入れることができます。

【デンマーク──湿地を改良、北海道酪農のお手本】

北海道酪農がその発展の際にお手本とした国の一つです。明治期の思想家・内村鑑三の「デンマルク国の話」（岩波文庫で読むことができる）という作品でも紹介されているように、デンマークは、湿原やヒースとよばれる〝地力〟の低い土地の多い国でした。ですが、そうした土地を熱心に改良して、酪農に適した土壌を作り上げていきます。

北海道も湿地が多く、開拓当初から湿地をいかに改良して草地にしていくのか、というのが大きな課題でしたが、真にこのお手本となったのがデンマークでした。

私もデンマークに行ったことがありますが、そこで目にする牧草地の風景（明渠《めいきょ》と呼ばれる水路がめぐっている牧草地）は、どこか北海道を思い起こさせるものでした。デンマークでは、牧草を年に複数回収穫し、さらに家畜用ビートや麦類を畑で作って乳牛の飼料としています。牧草だけでなく、穀物や畑作物などの多様な飼料を自給することで、1頭あたりの乳量は古くから高かったのです。

【アメリカ――国土の広さを活かした幅広い酪農スタイル】

アメリカは世界の酪農大国で、広い国土に合わせて、地域ごとの酪農のスタイルも異なります。北海道酪農がモデルにした東部地方のウィスコンシン州などは、伝統的な酪農地帯です。デントコーンと牧草を中心とした飼料を牛に給与する、比較的中規模の家族経営が多いという特徴があります。

現在のアメリカ最大の酪農地帯はカリフォルニア州です。カリフォルニア酪農の特徴は、ビジネスとしての酪農です。カリフォルニアの農業は歴史的にそうですが、儲かる作物があれば、その生産のために資本を導入して大規模な経営を展開するという、企業的農業が特徴です。酪農も同様で、近年になって急激に拡大が進んできました。

酪農のスタイルとしては、雨や雪などの自然環境の影響を受けずに牧場を運営できることと、また、地域内で畑作や果樹などが生産されていることから、それらを飼料（オレンジの搾りかすなどもカリフォルニア酪農の重要な飼料）として利用できることが有利な点です。

ロッキー山脈を越えたコロラド州などでは、良質な牧草がとれます。そこから牧草を購入し、さらに果樹の副産物やデントコーンなどを組み合わせた豊富なメニューの中から、自分たちの牛に合わせたエサを「TMR（Total Mixed Ration、完全混合飼料）」というやり方で給与しています。

＊

最後に、こうした世界の酪農をめぐってどのようなチャレンジ（課題）があるのかについても整理しておきます。酪農大国といえる酪農の盛んな国において、さまざまな要因で生産の維持、拡大が困難になりつつあります。その要因の一つが、環境問題です。

アイルランドは、草地を効率的に利用した放牧酪農の国として有名ですが、乳牛の頭数削減が政策目標となっています。オランダでは、都市近郊地帯の酪農を行政が農村部に移転させる計画が進んでいます。またニュージーランドにおいても、放牧酪農から集約的酪農への転換が進んだことで、環境問題が深刻化しつつあります（酪農の環境問題についてはLecture❹参照）。さらに環境問題を解決する一助として、生乳に代わる植物を原料とした「ミルク」需要の高まりも見られています。

——自給と輸入のお話

牛が食べる飼料と、エサを育てる肥料はどこからきている？

輸入の飼料代が安かったから成立していたけれど……

Column ❶で説明したように、世界の酪農は、それぞれの風土に応じたやり方で、独自の酪農スタイルを構築してきました。そして地域により異なりますが、**日本の酪農は、基本的には輸入飼料に頼った酪農で、なるべく効率よく多くの乳を出させる「高泌乳型酪農」を目指してきました。**ですが今、こうして作り上げてきた日本の酪農が、危機を迎えています。

経済条件が変われば、どのような農業のやり方が合理的かも変化します。たとえばデンマークは、現在は畜産の盛んな国として、日本にも豚肉や乳製品を多く輸出しています。ですが１８５０年代のデンマークは、イギリス向けを中心とした穀物の輸出国でした。その後、新大陸のアメリカから

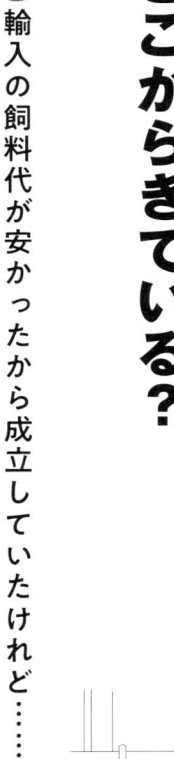

図　総合乳価（全国）の推移

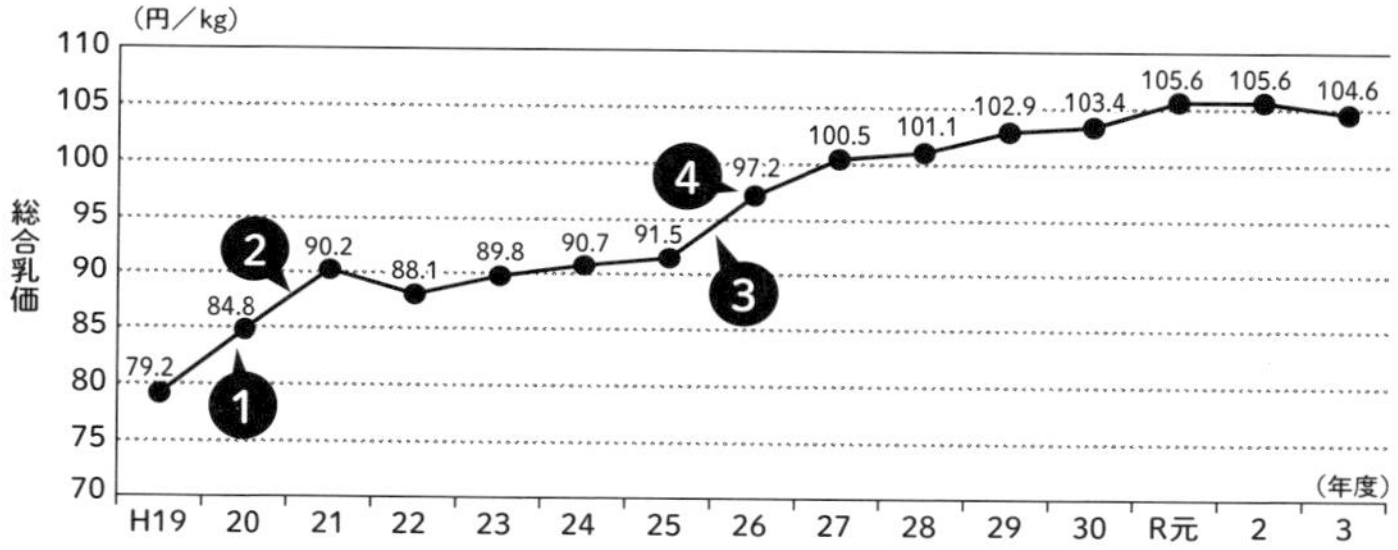

❶配合飼料価格高騰による引き上げ

❷配合飼料価格高騰による引き上げ

❸円安等で配合飼料価格・輸入粗飼料価格上昇による引き上げ

❹消費税増税による引き上げ

※１　数値は各月の単純平均値であり、消費税を含む。
※２　令和２年度及び令和３年度の総合乳価は速報値。
※３　総合乳価は、生乳取引価格から集送乳経費や手数料を控除し、加工原料乳生産者補給金等を加算したもの。

出所：農林水産省畜産局「畜産・酪農をめぐる情勢（2022〈令和４〉年 11 月 7 日公表）」を一部改変
（農林水産省「農業物価統計」より作図）

より安い穀物がイギリスに輸出されるようになると国際競争力を失い、国内で余った穀物を利用する形で酪農・畜産を行うようになり、それらを輸出する国へと転換していったのです。

上図は、乳価（生乳の価格）の推移を示しています。乳価は乳業メーカーと生産者団体との交渉で決まるのですが、その交渉には酪農家が購入する飼料価格などのコストや、製品の売れ行きといった市場の状況などが、判断材料となって決められます。

このように価格が推移するわけを、経済的な背景からひもといてみます。１９８０年代後半から、日本は円高が進みました。「円高」とは、円の価値が他国の通貨より高くなる、ということです（世界的な貿易の世界では、支払いに米国のドルが使われますので、ここでは「米ドル」で考えます）。円の価値が高まれば、安く製品を輸入することができます。これによって、**牧草などを育てて国産の飼料を自給するよりも、輸入飼料に頼る酪農の方が有利になり、こうした酪農のスタイルが定着していく**ことになりました。

日本の畜産業は、国際市場との関係で、安く飼料が輸入できるという歴史的条件のもと、原材料輸入型の産業（加工型産業）として発展してきたと言えます。

特に2000年代（平成12年頃〜）は輸入価格が安定した時期でした。ですが乳価はあまり高くなかったので、酪農経営として所得はそれほど確保できずに、比較的厳しい時代が続きました。この時代を受けて、酪農家の戸数は徐々に減少を続け、ついに2010（平成22）年前後から、酪農家の減少による生産量の減少が心配される時代に入っていきます。しかも2008（平成20）年には輸入穀物価格の高騰が世界中で発生し、日本の酪農・畜産業にも大きな影響を与えました。

そこで穀物価格の上昇、酪農家戸数の減少による生産量の減少を食い止めることが、酪農という業態全体の大きな課題となりました。乳業メーカーは酪農家の増産を促すために、乳価を上げていきました。

農水省としてもこの事態に対応して、酪農家の規模拡大を後押しする政策として「畜産クラスター事業」という支援を、２０１４（平成26）年から始めています。国の大型の補助事業は、酪農家の規模拡大の意欲を大きく後押ししました。こうした補助事業によって、大型の機械や施設整備が進められていきました。

輸入に頼ることが、食料自給率の低さの要因に？

食料の安定的な確保には、食料自給率を上げることが必要だ、ということは、みなさんもよく耳にするストーリーだと思います。日本は、先進国の中でも食料自給率が非常に低い国です。

この食料自給率には、**金額を基準にして算出するもの（生産額ベース）や、食料をカロリーに置き換えて計算をするもの（カロリーベース、供給熱量ベース）などの考え方があります**（正式には、「総合食料自給率」と言います）。通常よく使われるのは、カロリーを基準とした食料自給率です。

このカロリーベースの食料自給率が低い要因は何でしょうか。日本食には欠かせない、納豆や豆腐、味噌や醤油などの原料となる大豆や小麦の自給率は、きわめて低いです。カロリーの高いさまざまな食用油も、多くが輸入原料、輸入品です。直感的にはこうしたものが日本の食料自給率の低

はみだし　カロリーベースの食料自給率を使うのは、韓国や台湾など一部の国。国際的な主流は生産額ベース

さの要因だと思われるでしょう。それは確かですが、**自給率の低さのより大きな要因に、家畜用飼料の輸入があります。**

これまで述べたように、日本の酪農は輸入飼料に頼った酪農という方向で展開をしてきました。酪農以上に海外からの輸入飼料に依存して成立しているのが、養豚や養鶏などの畜産業です。食料自給率を計算する際には、その肉などが生産されるために使われた飼料の輸入割合を勘案して算出することになっています。その方が、実態を反映できるからです。そこから見ると、飼料の自給率を考慮した牛肉の食料自給率は11％、豚肉は６％、卵は13％、牛乳・乳製品は27％です（２０２２〈令和４〉年度概算）。現在、そうした酪農が資材価格の高騰や円安の影響によって経営的にも厳しい状況におかれているのです。

飼料自給率を計算に入れない「食料国産率」が登場

農水省は、食料自給率を上げるという数値目標を計画の中に長らく掲げています。

おおむね5年に一度設定される「食料・農業・農村基本計画（以下、基本計画）」の中で、国は定期的に食料自給率の目標を示しています。

図　食料自給率と食料国産率の違い

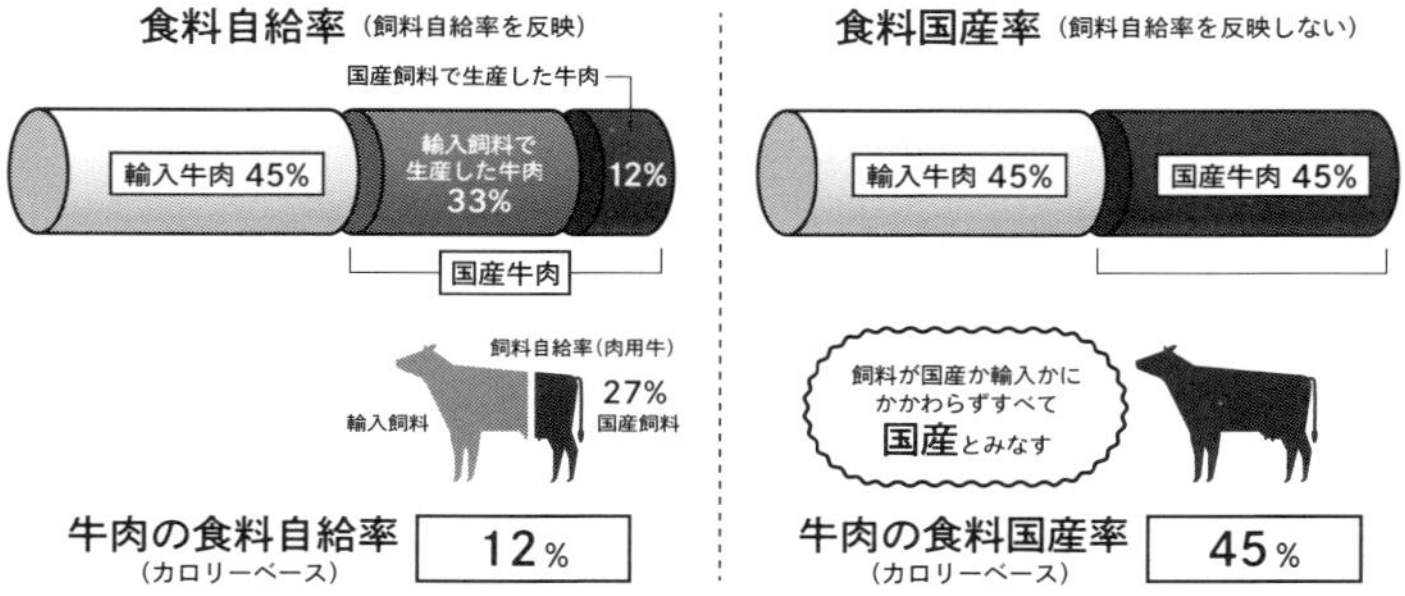

※図中の値は 2021（令和 3）年度

出所：農林水産省畜産局「畜産・酪農をめぐる情勢（2022〈令和 4〉年 11 月 7 日公表）」を一部改変

２０２０年３月に出された「基本計画」を見ると、全体のカロリーベースの食料自給率を、２０１８年の37％から２０３０年には45％にするとされています。食料自給率を上げるためには、国内生産を増やすことが必要ですので、この計画では品目別に生産目標も掲げられています。

酪農（生乳）を見ると、国内の消費量は２０１８年の１２４３万トンから、２０３０年には１３０２万トンになると仮定しています。その中では、国内生産を同７２８万トンから７８０万トンにする計画となっています。

飼料作物（牧草、デントコーンなど）については、消費量が２０１８年４３５万トンから２０３０年には５１９万トンになると仮定し、完全に自給する（国内生産量を同３５０万トンから５１９万トンに）という目標を掲げています。

これまで酪農畜産において自給率を考える際には、飼料が国産かどうか、ということを考慮して設定されてきました。これは、自給率を「供給の安定性」を示す指標として捉える場合には重要な視点です。

ですが2020年の基本計画では、飼料自給率についても目標を示した（2018年25％を2030年に34％）のに加えて、今回からは飼料自給率を勘案しない「食料国産率」というものも出すようになりました。この数値を出す理由について「基本計画」の説明*を見てみましょう。

これまでの総合食料自給率の目標設定に当たっては、併せて設定される飼料自給率の目標を反映することにより、輸入飼料による畜産物の生産分を除いています。この方法は、飼料の多くを輸入に依存している「国内生産」を厳密に捉えることから、総合食料自給率の目標が食料安全保障を図る上で基礎的な目標であることに変わりはありません。一方、飼料自給率が向上しても、国内畜産業の生産基盤が脆弱化すれば、総合食料自給率は向上しません。また、農業の持続的発展を図っていく上で、国内生産を維持・拡大していくことが必要であり、そのためには国民に対して国産農産物の消費を促すことも必要です。このため、国内の畜産業の努力を適切に反映する観点から、国内生産に着目した目標として「食料国産率」の目標が飼料自給率の目標と併せて設定され、双方の向上を図りながら、総合食料自給率の向上を図ることとされました。

*農林水産省「2019（令和元）年度 食料・農業・農村白書（2020〈令和2〉年6月16日公表）」より

https://www.maff.go.jp/j/wpaper/w_maff/r1/r1_h/trend/part1/chap0/c0_1_02_3.html

この説明を読んだ上で、**飼料の自給率を反映させた「食料自給率」、それを反映させない「食料国産率」、2つの指標が存在することの意味を、みなさんはどう思いますか？**

正直なところ、私自身は食料安全保障の問題を、数値や割合に単純化することは実態を見えにくくしてしまう、と感じています。飼料輸入は今後もますます不安定化することが予想されています。穀物だけではなく、牧草についても、主要な生産国であるアメリカでも、気候変動の影響によって、生産の不安定性が増しています。実態を把握するためには、**見かけが良い数値ではなく、実態を反映した数値というものをしっかりと把握する必要がある**のだと思います。

牛乳は国産だけど、エサはほとんど輸入

ここで生乳を生産するのに必要な「エサ」を例に、もう少し国産について考えてみましょう。

かつて、「牛乳は国産だ」というテレビＣＭがありました。たしかに牛乳は国産ですが、それを生み出すエサはほとんどが輸入です。２０２２（令和４）年では、日本の生乳生産量は、７６１万

トンです。そのうち、北海道は４３１万トン、残り３３０万トンが都府県での生産となっています。

畜産では、「ＴＤＮ」という数値があります。これはTotal Digestible Nutrientsの略語で、日本語では「可消化養分総量」と言われます。つまり、家畜のエサに含まれている栄養分の量を示したものです。たとえば、牧草が１００キログラムあるとしたら、そこには水分や、牛が利用できない成分も含まれています。それらを差し引いて、牛が利用できる栄養素は何キログラムあるかを算出したのがＴＤＮです。

このＴＤＮの自給率という数値が、畜産の自給率を考える上では重要な数値となるのです。

２０２２年の日本の生乳生産量は約７５３万トンで、そのうち北海道は４３１万トン、都府県は３３４万トン。ですが北海道のＴＤＮ自給率は62％ですので（北海道農政部調べ）、国産のエサから搾られる生乳の量は２６７万トンになります。さらに都府県のＴＤＮ自給率が20％程度なこともあわせて考えると、国内の「本当の」生乳生産量は３３０万トン程度になってしまいます。

さらに深掘りして考えてみると、たとえば牧草は、育てるために化学肥料が使われていますが、これはほぼ輸入原料をもとに製造されています。そうすると、その化学肥料によって生産されている牧草は国産と言えるのでしょうか？　また酪農の規模拡大や省力化のために「ロボット搾乳機」という機械が導入されていますが（146ページ参照）、それらはオランダをはじめとした外国のメーカーが作ったものです。そうした機械を動かしている電気や燃料も、どこでどのように作られているのかまで考えると、どこまでが国産と言えるのでしょうか？

「国産」ってなんだろう？

このように、「国産」ということをよくよく考えてみると、「国産とは何だろうか」という疑問に突き当たります。これまでもくり返し述べてきたように、酪農のスタイルは、それぞれの国や地域の条件によって異なりますし、時代によっても異なります。

私たちが今考えなければならないのは、この国の、この地域の、これからの酪農のスタイルとは何か、ということだと思います。今の酪農のスタイル、というものを「変わらない存在」として捉えるのではなく、時代に応じて変化していくものとして捉えること。そのためにも、「国産」とは何だろう、ということをはじめとして、今の酪農がどのような関係性の中で成り立っているのかを知ることは、とても大切なのです。

そうして考えていくことで、酪農は世界の経済・政治などに深く関わっていること、つまり「酪農を知れば、世界がわかる」ことを実感できると思うのです。

はみだし　ロボット搾乳機は、1979年の日本で最初に開発。搾乳用のカップを無人で装着する技術に苦労した

お金さえ払えば、海外から肥料や飼料は買えるのだろうか？

これまで述べてきたように、日本の酪農は、外国から飼料や肥料を輸入することで生産量を維持してきました。

ところが2022年に始まったロシアによるウクライナ侵攻、世界的な気候変動、コロナ禍による世界的な物流システムの混乱など、さまざまな要因によって、日本の酪農に不可欠な穀物の輸入価格は高騰しています。

肥料についても、日本はその原料のほとんどを輸入に依存してきましたが、塩化カリの輸出国であるロシアやベラルーシからは輸入がストップし、中国も自国への供給を優先して尿素やリン安《あん》の輸出を制限するなどの事態が発生し、肥料の原料価格も高騰しました。

これらにより、輸入飼料も肥料も価格上昇が続いています（左図）。

これまで多くの国が共有してきた、自由な貿易が世界を豊かにするという世界観が、これらにより大きく揺らぎました。また国際紛争により、**「お金さえ払えば国際市場からものを購入できるわ**

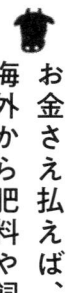

図　輸入飼料価格と肥料価格の変化

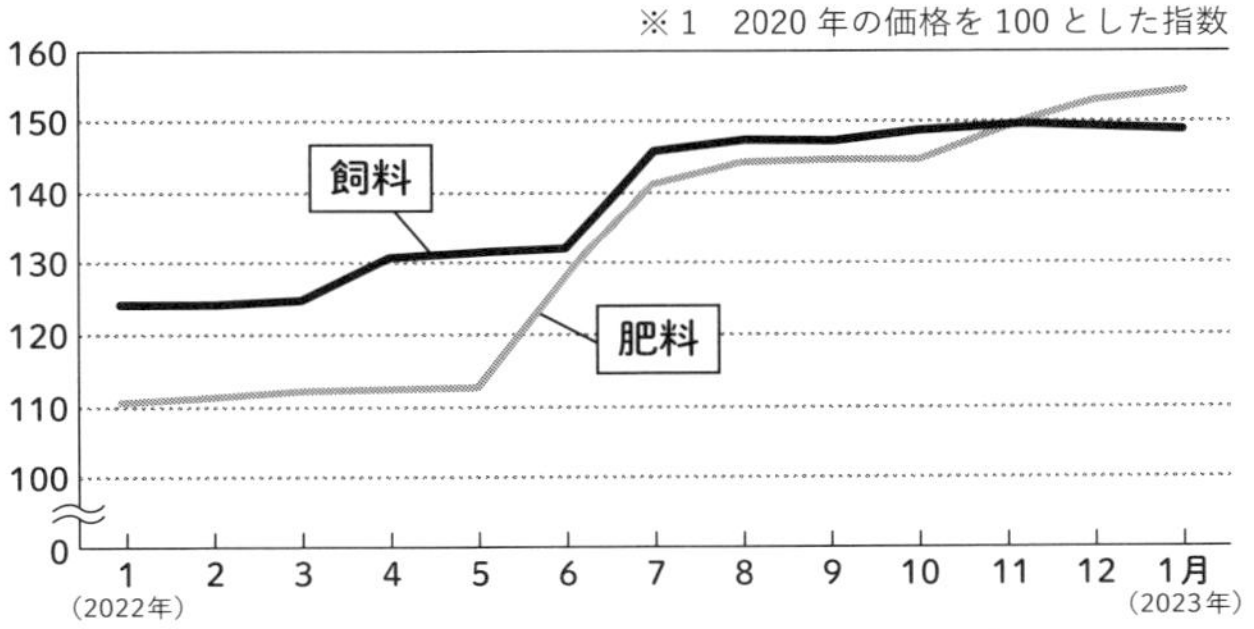

出所：2023年3月1日付日本農業新聞の記事より一部改変。
農林水産省の「農業物価指数」をもとに作成

けではない」という、これまでとは異なる事実に私たちは直面しています。

実はこれまでも国際的な貿易においては、高くお金を払う国が商品を購入できる、という単純なものではありませんでした。輸出国との間には、価格以外のさまざまな関係が取引に影響を与えます。物流システムの問題、相手先企業との業務提携の有無、などです。金銭取引以外の要因について、いくつか見てみましょう。

輸入する国に求められる「ふるまい」って？

飼料や肥料を輸入する際に、これから大切なのは、価値観を共有する輸出国と、貿易の仕組みをいかに作っていくのかということです。もう少し具体的に言い換えると、**輸入する国として日本がいかに「ふるまう」ことができるの**

かが見られているのです。

日本は世界のトウモロコシの7・6％にあたる1524万トン（2021年度）を輸入している輸入大国です。その輸入量全体のうち約76％が家畜飼料となっています（「飼料月報」2021年度、農水省）。そうすると、日本には責任ある輸入国としてのふるまいが求められます。

責任ある輸入国としてのふるまいとは何でしょうか？　それは生産者や生産地域の人たちにとって公平な貿易を行うということです。

みなさんは「フェアトレード（公正取引）」という言葉を聞いたことはありますか？　フェアトレードとは、開発途上国との貿易で、原料や製品を適正な価格で継続的に購入し、生産者など労働者の生活改善と自立を目指すものです。チョコレートやバナナに、フェアトレードのマーク（国際フェアトレード認証ラベル）がついているものを見たことがある人もいるかもしれませんね。

カカオやバナナの輸出国では、低価格で輸出するために効率的な生産体制が必要になります。「プランテーション」という言葉を聞いたことがあるでしょうか。輸出向けにバナナやカカオを生産する農園では、効率的な生産のために大量の農薬が使われ、またそこで働く人たちの労働環境も決して恵まれたものではありませんでした。私たちが安くこうした製品を輸入できている背後には、こうした環境や労働している人たちの「犠牲」や「我慢」の上に成り立っている事実があるのです。

本来であれば、環境への悪影響をストップし、傷ついた環境を修復するために必要な費用や、労働している人たちが安全に働き、自分の健康を維持しながら、また次の日も元気に働き、家族を養っていくために必要な費用というものがあります。しかし、そうしたコストを輸入する人たちは負担することなく、安い製品を購入している、ということができます。

貿易では、生産される場所と消費される場所が遠く離れているため、こうした問題を消費者から見えなくしてしまい、消費者も「無関心」のまま、商品を購入することでこの問題が続いていくことを「後押し」してしまっているのです。

そこで生産者や生産される地域の人たちにとって、公平な貿易の仕組みを作ろうとしたのが、フェアトレードという運動です。この運動は１９９０年頃から始まりました。フェアトレードの国際組織であるFairtrade Foundationがイギリスで設立されたのは１９９２年で、現在は広く世界的にも認知されるようになっています。

日本で「酪農を営む」とは、世界の貿易のあり方を考えること

貿易においては「フレンド・ショアリング（friend-shoring）」という言葉も言われています。こ

はみだし　フェアトレード認証された製品で一番多いのはコーヒー。ほかにもカカオ、バナナ、紅茶など

れは2010年頃から聞かれるようになった言葉です。特にアメリカと中国が「貿易戦争」を激化させていく中で、より安定的な貿易を実現するために、特定の国とのあいだで貿易に関する「仲間作り」をしようという考え方です。ただこれは一方で、かつての「ブロック経済化*」の動きに繋がる危険性も有しています。

＊ブロック経済化…多数の国の経済が、経済的に相互協力する一つの経済圏を構成すること。域外の諸国には閉鎖的な経済圏となることも懸念される。

世界はどんどんグローバル化していき、物も人もお金も自由に動き回ることができる社会を作ることが世界の発展にとって重要だ、という考え方が1980年代頃から世界の中心となってきました。そうした中で、WTO（The World Trade Organization、世界貿易機構）という世界の貿易自由化を実現するための国際機関も作られました。ですが、今私たちが直面しているのは、自由に任せた仕組みでは、世界にさまざまな問題を発生させてしまう、という事実です。

酪農に関して見てみると、日本では今、多くの飼料用トウモロコシをアメリカから輸入しています。アメリカとは長く貿易において協力関係を結んできました。この関係はこれからも続くとは思いますが、現実的に、これからもアメリカの農業は、日本にトウモロコシや牧草を供給するだけの生産を維持することができるのでしょうか。国際的な研究機関による推計では、世界の穀物生産量は今後減少することが予想されています。

「アメリカから輸入できなくなれば、他の国から輸入すれば良い」という意見もあります。しかし果たしてそうでしょうか。先の見えない未来の中で日本は、日本の酪農はどのような姿を目指していけば良いのでしょうか。価値観を共有する国との関係、その国に対しての輸入国としての責任はどう果たすべきなのか、ということを今、しっかりと考える必要があります。

もちろん、穀物や肥料を一切輸入しないで酪農を営むということも一つの可能性として追求することは必要だと思いますが、現実的には難しいでしょう。日本において酪農を営むということは、世界の貿易のあり方も考えることが必要なのです。

まとめ

飼料の自給率を反映させたのが「食料自給率」、反映しないのが「食料国産率」。
酪農は世界の経済・政治などと深く関わっている。
飼料などについて、輸出国との間には価格以外にも様々な関係が影響を与える。お金さえ払えば買えるわけではない。

── 加工と流通のお話

バターは不足、でも牛乳は余るのはなぜ？

お母さん牛は毎日、乳を出す

酪農の生産物である生乳は、栄養豊富な液体です。脂肪とタンパク質をはじめ、乳糖などの栄養成分が含まれています。仔牛を育てるためのものなので、栄養価が豊富なのもうなずけます。

一方で、人間が利用しようとするとやっかいな問題が生じます。それは、栄養豊富なために腐りやすいこと、液体のために輸送や貯蔵が難しいこと、**そして毎日仔牛に授乳するためのものですので、一定期間、毎日一定量が「生産」されるということです。**

毎日生産される生乳ですが、生産量や質には変動があります。変動の一つは、泌乳曲線と呼ばれ

るグラフであらわせます。

牛が乳を出すことを「泌乳」といいます。この泌乳の量（＝乳量）は、分娩した日から徐々に上昇して30～50日目くらいでピークを迎え、その後徐々に低下していきます。乳成分も泌乳日数ごとに異なります。分娩直後にはタンパク質や脂肪分は非常に高いですが、泌乳のピークに近づくに連れて低下します。その後は乳量が低下するに連れて徐々に成分の割合は高くなっていきます。


もう一つの変動は季節性です。今、日本にいる牛たちのほとんどが涼しい地域で産まれた種類ですので夏の暑さには弱く、夏の間は泌乳量が低下します。泌乳量だけではなく乳成分にも季節性があり、夏の間は脂肪分が低下する傾向にあります。

最近の猛暑は、牛たちにとっても非常に厳しいものなので、酪農家たちは牛たちが快適に暮らせるような牛舎の環境整備に取り組んでいます。換気のための大きな扇風機を導入したり、霧を噴射してその気化熱で牛舎を冷やしたりするシステムが導入されています。

一方、需要はどうでしょうか。飲用乳は夏に伸びる傾向にありますが、それは気候にも左右されます。夏が涼しいと、飲用乳の需要はそれほど伸びません。一方で牛たちにとっては涼しい気候だと過ごしやすく、生乳生産はそれほど減少しません。そして、牛乳需要の重要な仕向先《しむけさき》である学校

はみだし　酪農家、牛やのかあちゃんとして毎日、本物の牛と暮らしているのに「牛グッズ」を見るとうれしくてしかたがない（那）

給食（学乳）は、学校が休みの間は当然需要がなくなります。また、バターはケーキがよく売れるクリスマスの時期に需要がピークに達します。

弱い立場の酪農家が「共同販売」をつくるまで

酪農家という仕事は、農業の仕事の中でも特殊です。というのも、生乳は常温では品質が変化しやすく（そのまま静置しておけば、乳酸発酵をしてヨーグルトや発酵バターの原料になるのですが）、液体のため輸送が難しく、毎日生産されるという特質を持つからです。酪農とは、こうした生乳を生産する仕事なのです。

さらに生乳は、季節などで品質や量が変動し、需要も季節で変動します。いかにして生産と消費、この両方からの変動を調整して、無駄にすることなく流通させるのか。この点が酪農業界全体に宿命づけられた課題と言えるでしょう。

こうした宿命が、酪農家に他の作物とは異なる一つの特徴を与えます。それは、**生乳を乳業メーカーに出荷する際に、どうしても「弱い立場」となってしまう**ということです。

仮に乳業メーカーが「明日から生乳の購入価格を引き下げます。いやなら私たちは買いません」と言ったら、酪農家はどうしたらいいでしょうか。明日になっても、乳牛たちは生乳を生産します。メーカーが買ってくれるまで貯蔵することもできないので、何らかの形で流通させる必要があります。他に売り先がすぐに見つかれば良いですが、そううまくいくとも限りませんし、乳業メーカーがいらないということは、市場には生乳が余り気味だということですから、他の乳業メーカーも買ってくれる可能性は低いでしょう。

そうなると、酪農家は安くなった値段でも生乳を売るしか選択肢がなくなってしまいます。このように、生乳が持つ特徴が酪農家を生産者として弱い立場に置いてしまう可能性があるのです。こうしたことは現実の日本でも、そして世界でも経験されてきたことです。

この状況の中、**多くの国々で酪農家は、一人ひとりが力を合わせて、乳業メーカーに対する「発言力」を持つための取り組みを行ってきました。**その一番の例が、**酪農家による「協**

はみだし　酪農家仲間が集まると、繁殖、分娩、発情など会話にポンポン出るので周囲にかなり怪しまれる（那）

同組合」の設立や、「共同販売体制」の構築です。酪農家が多数集まって協同組合を設立し、自分たちで資本を出し合って乳製品工場を設置します。自分たちで工場運営を行うことで、こうした問題を回避する取り組みを行ってきました。世界有数の乳業メーカーであるArla Foodsや、アメリカのＤＦＡなどがその一例です。

また、日本においては、**生乳の共同販売という仕組み**が構築されています。イギリスの「ミルク・マーケティング・ボード」と呼ばれる仕組みを一つのモデルとして作られたもので、世界的にも高く評価されています。この仕組みについてもう少し詳しく説明しましょう。

日本は生乳を「牛乳」で飲む割合が高い！

先ほど説明したように、生乳は液体で品質が変わりやすく、毎日生産されるものです。そして生乳からは、飲用乳やバター、チーズ、脱脂粉乳などさまざまな製品が作られます。日本では生乳換算で年間約１２００万トンの乳製品が消費されていますが、その内訳を見ると、**飲用乳が全体の３分の１程度を占めています。これは世界的に見ても日本の大きな特徴です。**世界では飲用乳よりもチーズやバターといった加工品としての消費の方が大きいです。

飲用乳は、ほとんどが国内で生産された生乳です。国内で生産される生乳の半分近くが飲用乳に加工されており、残りの半分がバターや脱脂粉乳、チーズなどに加工されます。一方で、その他の乳製品については輸入品も多くなっています。とくに、バターやチーズ、脱脂粉乳などは冷凍して保存が利き輸送もしやすいことや、製造コストも海外の方が安いため、一定量が輸入されています。

国内の消費量は約１２００万トン（生乳換算）とされていますが、国内の生乳生産量は７６１万トン（２０２２〈令和４〉年）ですので、その差分を輸入していることになります。ただし生乳のまま輸入するのではなく、チーズやバター、脱脂粉乳などさまざまな乳製品として輸入しています。

こうした**用途別の生乳生産が、地域性を持っているというのが日本の特徴**です。都府県の酪農家の生乳はそのほとんどが飲用乳に加工されて、それぞれの地域で消費されます。一方、北海道で生産されるものは、多くがバター、脱脂粉乳、チーズなどに加工されます。そして、前述したような需要と生産の季節性があることから、夏に都府県で生乳生産が落ち込み、一方で飲用乳需要が高まるような時には、生乳を船で北海道から関東圏などの消費地に運び、供給不足を調整する、ということをしています。こうして北海道の酪農は、加工原料としての生乳生産と、都府県で生産が足りなくなった時の調整弁の役割を長く果たしてきました。

はみだし　牛は家族で我が家の大切な従業員。体調管理や観察にはいつも目を光らせている（キラリ〜ン☆）（那）

バターと飲用乳では価格が違う!?

さまざまな用途に使われる生乳ですが、用途別に取引価格は異なります。飲用向けの乳価が最も高く、バターやチーズなど、輸入ができる用途については輸入品との価格競争力をもつために、乳価は低く設定されています。そうしないと乳業メーカーがわざわざ国産の原料を購入することにはならないからです。

さて、ここでみなさんが酪農家になったと想像してみてください。みなさんだったら、どの用途に向けて生乳を生産したいと思いますか?

多くの人は価格の高い飲用乳として出荷したいと思うでしょう。では、みんなが飲用乳向けに生乳を生産したとするとどうなるでしょうか。たちまち飲用乳は供給過剰となってしまい、乳価は低下するでしょう。下がった乳価でなんとか頑張って、他の人たちが離農するのを待つ経営的な体力があれば、やがて供給が減少するので乳価が再び上昇するかもしれません。ですが、酪農は競争の激しい世界になってしまい、安定的な供給という視点からは問題です。

一方で、バターやチーズ向けの用途についても、誰かがそれに向けて生産をしないと、乳業メーカーは困ってしまいます。また、飲用乳には需要の季節性がありますので、飲用向け以外の用途にも一定数量は仕向ける必要があります。

このように酪農家が個別に乳業メーカーと、用途別に乳価を決めたり、出荷先を需要の変動に応じて変更したりするのはとても大変なことですので、それらを酪農家がまとまって乳業メーカーとやりとりしよう、と作られた仕組みが「生乳共販」です。

「協同の力」でできること

生乳共販の仕組みでは、酪農家は自分が出荷する生乳をどこに売るのかを、共販をする団体（指定団体といいます）に託します。

はみだし　いつも牛に話しかけているので、ある意味、人間の家族よりも会話が多かったりする（邪）

指定団体による「一元集荷多元販売」

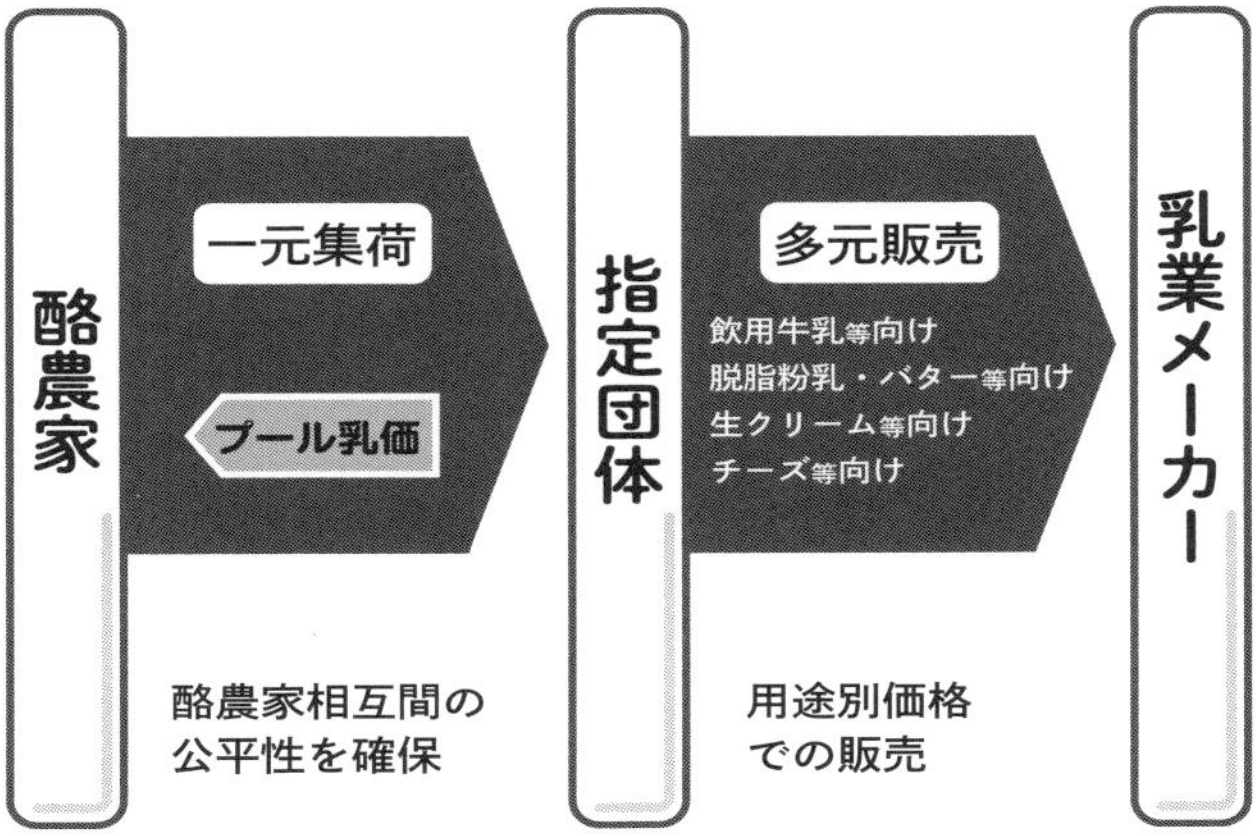

委託を受けた指定団体（北海道の場合は「ホクレン」という組織がこの役割を担っています）は、各乳業メーカーの需要に応じて、さまざまな用途向けに生乳を仕向けます。仕向けられた生乳の販売代金は、用途別価格とそこに仕向けられた生乳の量に応じて乳業メーカーから支払われます。そして支払われた金額を毎月まとめて、酪農家の生乳1キログラムあたりで割り、単価×出荷量分の乳代（プール乳価）が酪農家に支払われる、という仕組みとなっています。

酪農家からミルクローリーで集荷された生乳は、近くにある乳業メーカーの貯留タンクに運ばれます。運ばれた生乳は、その工場でバターやチーズや脱脂粉乳など、それぞれに加工されます。また時には、あるスーパーが飲用乳の特売をやるために増産する、ということになると、工場の貯蔵施設にいったん入れられた生乳を別メーカーの飲用乳工場に移送することもあります。このようにして、日々の需給調整を行っています。

乳価を決める時にも、ホクレンが生産者を代表して各乳業メーカーと価格交渉を行うことで、「協同の力」で交渉力を発揮することができています。

牛乳が余る、でも乳価は上がることもある

このような短期的な供給変動とともに、酪農にはもう一つの変動要素があります。それは、「種付け」をして牛が産まれてから、**実際に生乳が生産されるようになるまでに2年間のタイムラグがある**ということです。

需要が増加しそうだと見越して投資をしても、それが生産に繋がるのは2年後です。ですので、不足したからといってすぐに生乳の生産量を増やすことはできません。今の時代の流れの早さを考えると、なんとも時間のかかる産業です。

先に説明したように、季節によっても生乳の生産量は変わるし、需要も季節によって変わります。生乳が多すぎる際に、すぐに減少させるためにできることは「牛の頭数を減らす」、つまり淘汰《とうた》することのみです。酪農は、過剰や不足を定期的に繰り返します。そして過剰と不足は、乳価の変動に繋がり、酪農経営の安定性に支障をきたすことになります。このことは、世界的にどこの国の酪農においても起こりうるので、各国ともにこの変動をいかに安定化させるか、さまざまな仕組みを整備してきました。

こうした酪農での一般的な要因に加えて、各国独自の要因がこうした酪農の不安定性にさらなる影響を与えることになります。とくに**日本においては2020年から牛乳の過剰と乳製品の価格上昇という問題が生じました。**この問題がなぜ生じたのかを理解するためには、もう少し前から遡っ

はみだし　たくさんの命からのおくりものを私達に分けてくれる。「牛ってすごい！」といつも思います（那）

て見てみる必要があります。

酪農家は減ったが約20年をかけて増産

日本における生乳生産のピークは１９９６年度の８６６万トンでした。酪農振興法（25ページ参照）のもとで、戦後ほぼ一貫して生産量を拡大してきたのですが、そこをピークに減少に転じます。**生乳生産量の減少の一番の要因は、都府県における酪農家戸数の減少**でした。ピーク時には都府県で全体の６割、北海道が４割を占めていたのですが、都府県で減少に転じていきます。その減産を補うためにも、北海道での生産量の増加が目指されました。

北海道でも酪農家戸数は減少していましたが、**残された酪農家が規模拡大をすることで、生産量の増加を実現**していきます。そして２０１０年にはついに北海道が都府県の生産量を追い抜きました。全体の生産量は減少傾向にあり続けましたが、北海道が増加したことで２０１８年に７２８万トンで底を打って、２０１９年から全国の生産量が再び増加に転じたのです。

約20年をかけて乳量の減少に歯止めをかけられたのですが、そのタイミングでコロナウイルスのパンデミックがやってきたのです。それによって予想外に需要がなくなり、余剰乳の発生が危惧されることとなりました。そこへ資材価格の高騰も追い打ちをかけました。

政策でも価格や需要は上下する

しかし、こうした急激で短期的な需要の減退だけが、酪農の不安定性の要因ではありません。より中期的な要因があるのです。それが生乳生産量の増加を掲げて進められてきた農業政策です。前にも述べましたが、国の農業政策として、酪農・畜産は国内の減少を食い止めるだけにとどまらず、増産を目指して規模拡大を進めてきました。そのことが明記されているのが、農林水産省から出された「酪農及び肉用牛生産の近代化を図るための基本方針」（2020年3月策定。以下、酪肉近）です。

2020年の酪肉近では、生産量の増産目標として780万トンを目指していました。この数値の根拠は何だったのでしょうか？

それは今後、世界的に乳製品市場がひっ迫するだろう、という予測でした。特に国内需要が伸びているチーズについて、輸入だけでは足りなくなる分を、国産チーズに代替しよう、そのためにもチーズの増産が必要だ（ゆえに必要な増産目標である）、ということが書かれています。

はみだし　酪農家として、牛からのおくりものを、感謝と共にお届けできるようがんばりたい！（那）

しかしこの根拠は、農水省の予測と希望が入り交じったものでした。たしかに、乳製品の輸入は今後難しくなる可能性が高いと言えます。これまで乳製品の消費が少なかった国での需要が伸びていますし（Column ❷ 参照）、気候変動の影響によって、生産量が伸び悩むことも想定されます。

ですが、輸入製品を国産で代替できるかどうかについては、冷静な検討が必要です。乳業メーカーは本当に国産の原料（生乳）を購入するのでしょうか？　現状では、国産の原料は輸入品と比較して高価格です。さらに、生産量を維持するために進めてきた規模拡大のため酪農家は大きな投資を行っています。加えて輸入飼料の価格も上がっている中で、生産量は増えているとはいえ、生乳生産にかかるコストも上がっています。

また２０２２～23年にかけて、消費者物価は上昇し、乳製品価格も上昇しています。それは、「酪農経営を維持するために必要なコストを賄うために乳価を上げる必要がある」ということを意味しています。さらに乳業メーカーの製造コストも上昇しています。価格が上がるにつれて需要は減少

するというのが現在の市場の原則で、実際にそうした事態が起きつつあるのです。

生乳の市場構造――国内の生産量と輸入のバランス

ではここで、海外との関係を見てみましょう。日本では基本的に国が貿易に関与しています。1995年に発効したWTO協定（世界貿易機関を設立するマラケシュ協定）を受けて、世界各国は、貿易の障害となるような関税や国内の価格支持政策（農産物の価格が急落した時に、政府が買付けをしたり補償を行ったりする制度）を順次撤廃していくことに合意しました。日本も例外ではなく、酪農においてはそれまであった価格支持は廃止され、また輸入数量の規制も廃止されて、全品目で輸入自由化となりました。

一方で、貿易に関しては国が関与する仕組みは維持されました。しかしその後、さらなる輸入の自由化を進めるための枠組みとして、TPP（Trans-Pacific Partnership Agreement、環太平洋パートナーシップ協定）や日豪EPA（Economic Partnership Agreement、経済連携協定）、日EUの自由貿易協定が相次いで締結、発効しています。これによって乳製品の関税は順次引き下げられており、輸入が増加するための条件整備が進められています。

はみだし　人間ドックを受診したら骨密度が年齢平均より121％も高かった。さっすが〜！牛乳屋のかあちゃん（邪）

生乳の需要の特徴（農業経済学では「需要構造」「市場構造」などと呼びます）を見てみましょう。世界的に見て日本国内の需要の特徴としては、前述したように飲用乳需要が多いことが挙げられます。**飲用乳はほとんどが国産です。液状のため輸送が困難で、かつ鮮度が大事な品目ですから、国産に優位性があります。**

一方で、**乳製品については、輸入品との競合**があります。とくに、消費地から遠い北海道は、おもにこうした加工原料（バター、脱脂粉乳など）に仕向けられる生乳の産地です。国内の酪農は、飲用乳向けを主に生産する都府県と、加工原料向けを主に生産する北海道というように棲み分けがなされています。

生乳は1年間にわたって、生産量の季節的な変動と需要の季節的な変動がありますが、その調整の役割を果たしているのが加工原料乳です。飲用乳需要を中心にしながら、その変動を調整するためにも脱脂粉乳やバターなどの加工原料乳が欠かせません。これらは加工することで長期保存が可能ですので、生乳が過剰の時には加工して保管し、不足する時は加工用に向けている北海道の生乳を都府県に移出して対応します。北海道の生乳は「ほくれん丸」という生乳輸送専門の船によってほぼ毎日、本州（茨城県日立港）に運ばれることで、需給の調整を図っているのです。

生クリームの市場拡大の陰で、バター原料の優先順位が下がる?

このように飲用乳の需要を中心として組み立てられてきた仕組みですが、**実は日本国内では飲用乳需要は一貫して減少してきました。**牛乳の消費は減少し、他の清涼飲料などに置き換わってきています。しかし、これまでのように飲用乳需要が減った分をバターや脱脂粉乳に加工し続けることは、農家によっては良いことではありません。加工用に向けられる生乳の乳価は輸入品と対抗するために低く設定されているので、農家の手取りは減少するからです。

そこで、生乳を販売する酪農家の集まりである北海道の指定団体のホクレンは、**飲用乳以外の用途として、生クリームや濃縮乳という、液状乳製品の市場拡大を行ってきました。**液状乳製品は、バターや脱脂粉乳の代わりとして使用でき、用途によっては、液状乳製品の方が風味などが優れている場合があります。加えて、こうした液状乳製品が供給されるのは、メーカーにとっても加工の手間が省けるというメリットがあります。また、液状なので輸入が難しいということで、国産にも有利性があるのです。こうして、バターや脱脂粉乳から液状乳製品に業界全体としてシフトをして

はみだし 旅先で寝ていても、トラックが走る音がバルククーラーを冷やす音に聞こえて「寝坊した!」と目を覚ます(石)

きました。

こうした中で、**バターに生乳を仕向けることの優先順位は低くなっていきました。**２０１４年頃に発生した「バター不足」はこうした仕組みの中で、生乳生産量がたったの１～２％減少したことで、バターの生産量にしわ寄せが生じた一時的な問題でした。

国にはこうした事態に対応するために、バターなどを緊急輸入する、という仕組みがあります。この仕組みが機能して徐々にバター不足は緩和していきましたが、**必要な時期に当たり前に手に入ると思っていたものがない**という事態は、食品製造、菓子業界などにも大きな影響を与えたことは確かです。当たり前に手に入るものは実は当たり前ではない。２０２０年から続いている酪農に必要な資材などの物価高騰は、そのことを知る貴重な経験となりました。

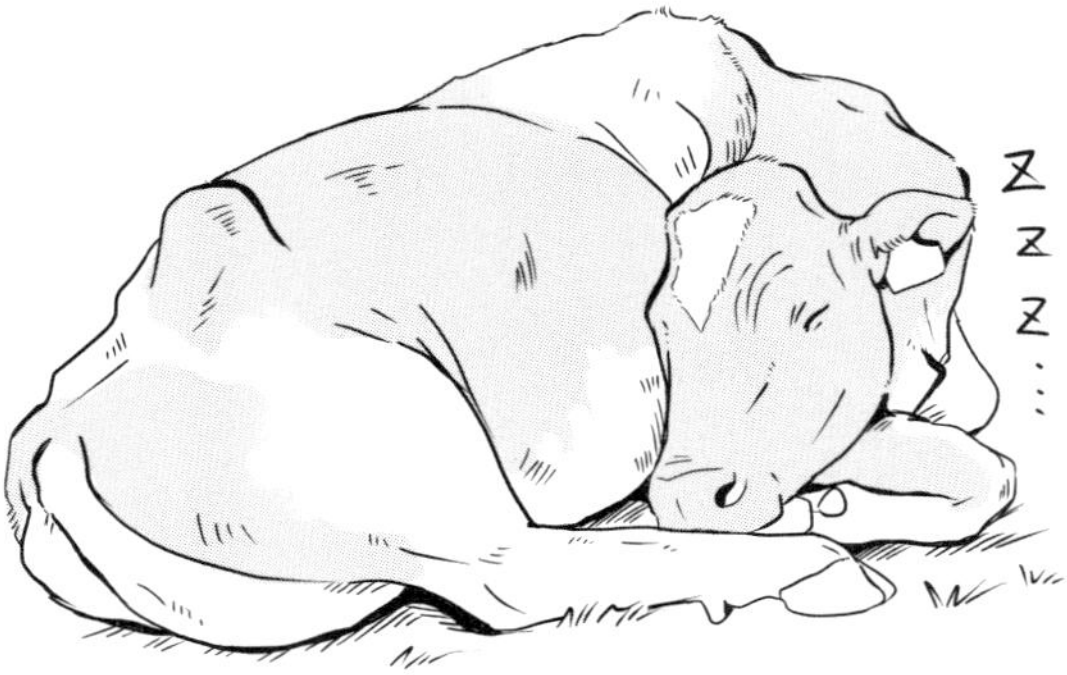

牛という生き物が生産する生乳は、国内外で需要と供給のギリギリのバランスをとりながら無駄なく流通されているものです。そこに貿易自由化と、国の政策としての生産基盤の強化、輸入飼料に頼った酪農……それぞれがバラバラに動いたことが今の酪農危機の要因だと言えるでしょう。

まとめ

牛乳は新鮮なうちに取引する必要があるため、酪農家は「弱い立場」になりがち。

酪農家が生乳メーカーに対する「発言権」を持つための取り組みの一つが、「協同組合」の設立や「共同販売体制」の構築。

生クリームの市場拡大の陰でバター原料の優先順位が下がることも。

Column❷

こんなに伸びる！　世界の乳・乳製品の動向

国民の所得が上昇するに従って、食生活に変化が生じることが知られています。端的には「食の洋風化」と呼ばれる現象で、動物性タンパク質や脂質の消費量が増加していきます。乳製品も、まさにその需要が伸びる品目で、世界的に乳製品の需要が伸びていくことが予想されています。

世界の酪農、乳製品の「今とこれから」がどのようになるのか。ＯＥＣＤ（Organization for Economic Co-operation and Development、経済協力開発機構）とＦＡＯ（Food and Agriculture Organization of the United Nations、国際連合食糧農業機関）が共同で２０２２年６月に公表した「OECD-FAO Agricultural Outlook 2022-2031」という資料から、世界の今とこれからについて見てみましょう。

【生産量】

世界の酪農生産は、２０２１年の生産量である8億７５００万トンから２０３０年には10億６０００万トンに増加すると予想されています。その増加は地域性を伴います。生産量の増加が大きいのはインドやパキスタン、そしてサブサハラの国々です。これらの国は、1頭あたりの生産量が今は低い水準となっています。インドは1頭あたり年間１・３トン、パキスタンは１・５トンですが、これが増加することによって、年間総生産量が増加することが見込まれています。一方で、いわゆる先進国の酪農国であるアメリカやＥＵ、ニュージーランドでは生産量はやや増加する程度の予想となっています。

【需要】

世界全体では1人あたりの消費量は２０２１年の13・４キログラム（牛乳と乳製品の合計）から２０３０年には15・２キログラムに増加することが見込まれています。増加の中心はインドやパキスタンです。インド、パキスタンは牛乳としての消費が多く、今後、消費量が増加することが予測されています。

【貿易（輸出入）】

世界の生産量のうち、貿易に回る量の割合はそれほど高くはありません。基本的には、乳製品は自国生産が中心となっていると言えるでしょう。そうした中で世界的な輸出大国は、ニュージーランド、アメリカです。生産についてはインドなども大国ですが、輸出はほとんど行っていません。

現在、世界で生産されている生乳の7％が貿易品目として扱われています。その中心は全乳粉、脱脂粉乳、チーズ、バターなどの加工品ですが、最近では中国が、主にニュージーランドから飲用乳の輸入を増加させています。

世界の乳製品貿易量は、2031年には15％ほど増加して1420万トン（製品重量ベース）になると予想されており、アメリカ、EU、ニュージーランドが輸出国の中心となります。これら3つの国と地域が貿易数量に占める割合は2031年で、チーズの65％、全乳粉の71％、バターの74％、脱脂粉乳の80％を占めると予想されています。

【価格】

酪農製品は、輸出にまわせる数量が少ないことや、輸出国が少数であることから、価格の変動が激しいという特徴があります。基本的には国内での消費が中心ですので、仮に生産量が減少すれば、輸出にまわせる数量は少なくなり、国際価格は高騰します。

また近年は資材価格の高騰や、世界的な植物油の価格上昇の影響もあって、同じ脂肪分として、バターの価格をはじめとする乳製品価格が高く推移しています。特徴としては、バターやチーズについては需要が高くなっていますが、バターと同時に生産される脱脂粉乳については価格が低く、そこに価格のギャップがある、という点です。バターを作れば同時に脱脂乳が製造されます。それを乾燥させ貯蔵できる粉乳にするのですが、その価格は低いという特徴があるのです。

２０００年に入った頃から、乳製品全体の国際価格は変動しつつ高い水準で推移してきました。しかし、２０３１年にかけては、現在の高い価格によって生産が刺激されて増産されることで、実質価格で徐々に低下していくことが予想されています。

牛のゲップはほんとうに環境を破壊しているのか？

──酪農と環境のお話

もともと牛は「ふん尿」のために飼われていた！

酪農とは、乳牛を飼養して、乳や肉などの生産物を得る産業です（肉を得ることについては、**Lecture ❺**参照）。人間がそのままでは栄養とすることができない草から、牛の胃袋に棲《す》んでいる微生物たちの力を借りて、人間が生きていくために不可欠なタンパク質や脂肪などの食べものを生産することができます。こうした酪農ですが、もう一つ重要な生産物があります。それが、「ふん尿」です。

家畜を飼うことの重要な目的の一つは、畑に施用するためのふん尿という有機物を確保することでした。**化学肥料が発明される前は、動物のふん尿は大切な肥料源でした。むしろ、お肉が副産物**

図　三圃式農法の考え方

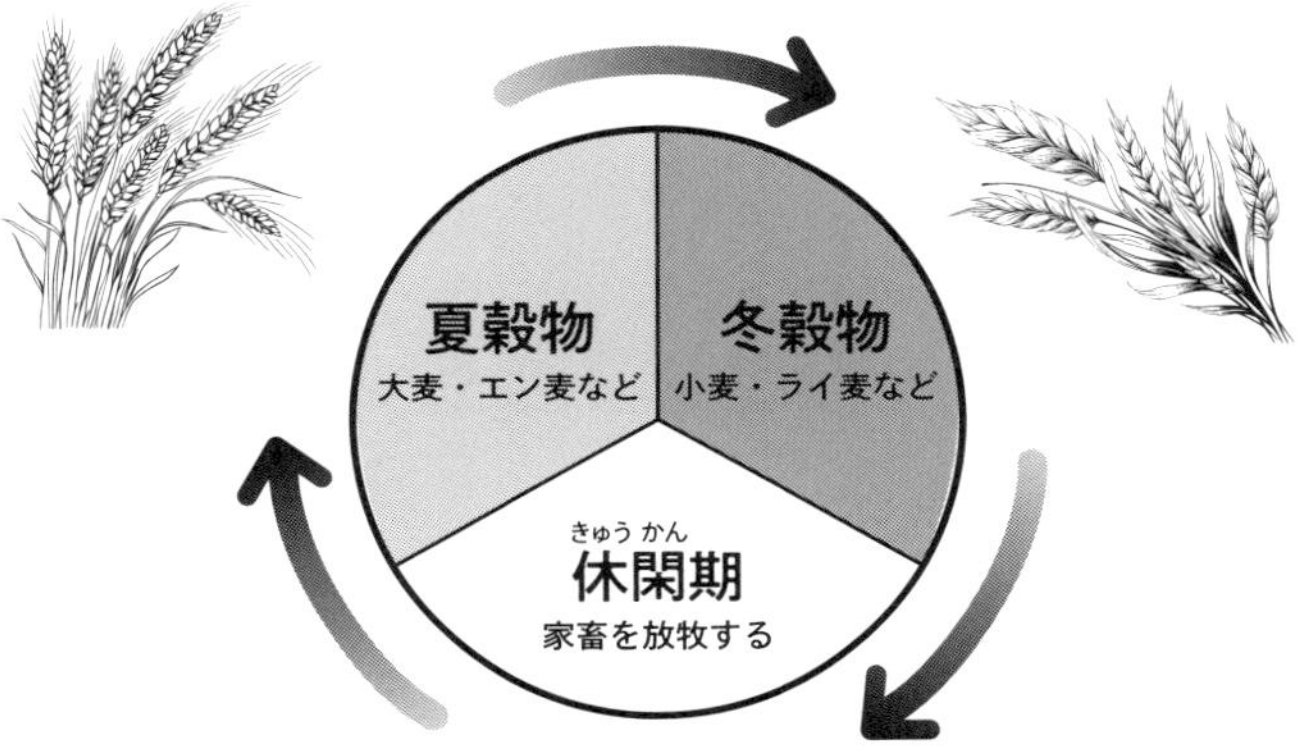

的な位置づけだったとも言えるでしょう。

中世のヨーロッパで広まった「三圃式農法」というものがあります。夏穀物（春に播種する穀物）→冬穀物（秋に播種する穀物）→休閑（作物は植えず畑に家畜を放牧する）を繰り返して地力を維持する農法です。

春に大麦、エン麦、豆類などを播種します。その後、続けて秋に小麦、ライ麦などの穀物を播種し、冬を越えて翌年の夏頃に収穫します。収穫した畑には、収穫時にこぼれ落ちた種から麦類が生えるなど、さまざまな草が茂るので、その草を家畜に食べさせるのです。そうすると家畜は畑でふん尿を落として、土地を豊かにしてくれます。そして家畜たちは冬を前にと畜され、ソーセージなどの肉製品として加工され、冬の間の食料となります。このように中世では、家畜のふん尿なしには農業は成立しませんでした。

牛の数を増やしたことで、地球に負担をかけている

酪農にとって重要な産物であるふん尿ですが、それがいつからか、環境に悪影響を及ぼすものとして認識されるようになりました。大きなきっかけとなったのは、１９４０年代のアメリカやヨーロッパにおいて、家畜ふん尿や化学肥料に由来する硝酸態窒素が地下水に浸透し、それを飲んだ乳幼児が酸欠状態となって死亡する（メトヘモグロビン血症）という事故が起き、新たな環境問題となったことです。

なぜこうしたことが起きたのでしょうか？

それは、**ふん尿を還元する土地と、飼っている頭数とのバランスがくずれてきた**ということにあります。本来、農地に還元することで土を豊かにしてくれるふん尿ですが、その量が農地が受け入れられる上限を超えてしまうと、ふん尿が地下に浸透して地下水を汚染したり、雨とともに河川に流入したりして、川や海の水質を汚染してしまう可能性があります。

経済的利益の追求のために頭数をたくさん飼い、牛の基本的な飼料である牧草以外に、穀物などを給与することで乳量を高めていったこと、また穀物を自分たちの畑でとれたものだけではなく、

穀物を生産できる国から輸入して牛に給与することで、酪農家がもっている土地が処理できる能力以上の生産をあげることが可能となっていったのです。

このようなふん尿の環境への悪影響を防止するために、世界各国ではふん尿処理に対する規制や、ふん尿の利用に関する規制を適用するなどの取り組みを行っています。

牛のゲップが地球温暖化の一因に!?

さらに**今、問題となっているのが、牛をはじめとする反芻動物から排出される「ゲップ（メタンガス）」**です。温室効果ガスには、二酸化炭素（CO_2）、一酸化二窒素（N_2O）、フロン類などがありますが、メタンも地球温暖化の要因の一つとして削減が目指されています。

まず、メタンとはなんでしょうか。メタンは化学式CH_4で表される炭化水素化合物で、天然ガスの主成分であり、都市ガスの原料として生活に身近なものです。このメタンは、牛の場合はエサを消化吸収する反芻胃、ルーメンの中にいる「メタン発酵菌」によって発生します。牛が食べたエサが発酵することで牛のエネルギー源になる低級脂肪酸（酢酸など）ができ、その副産物としてメタンが発生します。

はみだし　エサを反芻する時に口からでる牛のゲップ。人間と違って音が出ない

牛のルーメン（第１胃）の不思議な世界

ここで牛の消化について説明しましょう。

牛も人間と同じく、生きていくためにはエネルギー源となる炭水化物と、体を作るタンパク質が不可欠です。牛にとって主なエサとなる牧草には、植物繊維、デンプン、糖などの炭水化物が含まれます。人間は、デンプンや糖は消化酵素で分解してエネルギー源として吸収できますが、植物繊維を分解できる消化酵素は持っていません。ですので草を食べても消化できません。

それに対して牛は、ルーメン（第１胃）*の中にいる微生物が植物繊維を低級脂肪酸（酢酸、プロピオン酸、酪酸など。ＶＦＡと呼ばれる）に分解し、それをルーメンの胃壁から吸収して栄養にしています。そして、**この複雑な過程の一つの産物として、メタンも生成される**のです。

***ルーメン**（**第1胃**）…ルーメンの大きさは成牛で約２００リットル。ルーメン内容液の1グラムに約１００億のルーメン微生物と50～１００万の「プロトゾア」と呼ばれる原生動物がいる。これらが複雑に関連し合うことで、牛は生きることができる。

図　牛のルーメン（第１胃）の役割

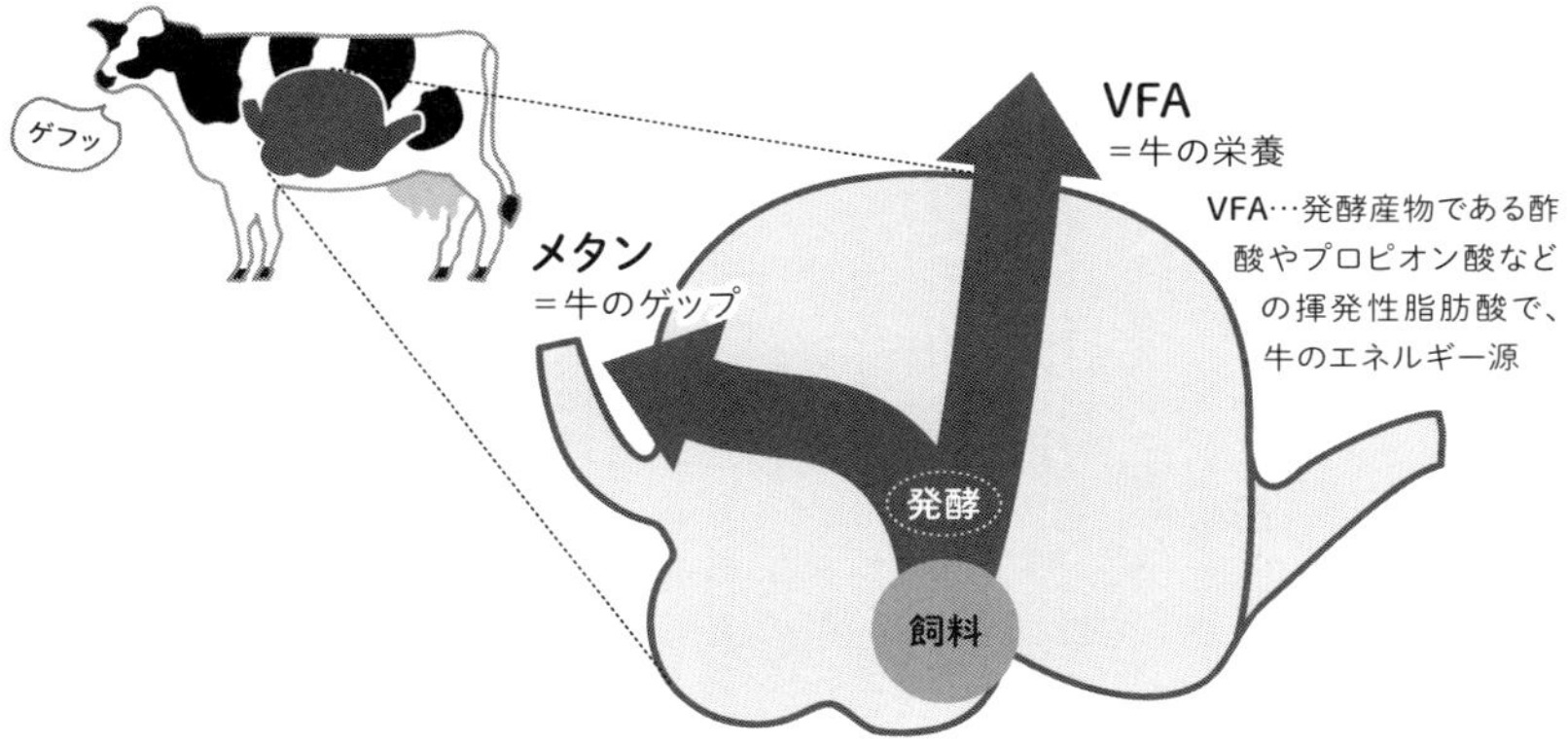

＊実際は、牛には第２～４胃がありますが、第１胃の役割を模式化した図のため省略しています

タンパク質についても同じく、微生物によってアンモニアに分解されます。アンモニアはそのままでは有害な物質ですが、ルーメン内にはそのアンモニアを利用する菌もいます。その菌がアンモニアを利用して増殖し、また、その菌を原虫が食べます。そこでできた、菌体タンパク質が第1胃から流れていき、第4胃以降でアミノ酸に分解されて吸収されます。

人間のように消化酵素ではなく、**牛と微生物が共生することで栄養を作り出す**という、このような不思議な消化分解の過程があるからこそ、**反芻動物は草だけを食べてあれだけ大きな体を作り、生乳を生産することができる**のです。

大気中の寿命が短いメタンの性質を、どう活かす？

メタンは二酸化炭素よりも強い温室効果がありますので、その削減は重要なテーマです。２０２１年にイギリスのグラスゴーで開催された「国連気候変動枠組条約第26回締約国会議（COP26）」には２００カ国近くが参加し、そのうち１００以上の国と地域はメタンガスの排出を２０３０年までに、２０２０年と比較して30％削減することで合意しました。

メタンの発生源を見てみると、一番多いのが化石燃料の採掘時などに生じるもので50％を占めます。その次が農業の30％で、内訳の大半が反芻動物の反芻胃（から出るゲップ）が発生源となっています。実は日本にとってなじみ深い水田も、大きな発生源の一つとなっています。農業分野においてもメタンガスの削減が重要なテーマとなっているのはこうしたことからです。

こうした、**発生源の上位を占める化石燃料由来のメタンと、家畜由来のメタンですが、同じメタンではあるものの大きな違いがあります。**前者は地中に長い間眠っていたものが大気中に「新たに」放出されるのに対して、後者は大気中に「すでに存在していた」二酸化炭素から生成されている点です。

図　世界の分野別メタン発生源

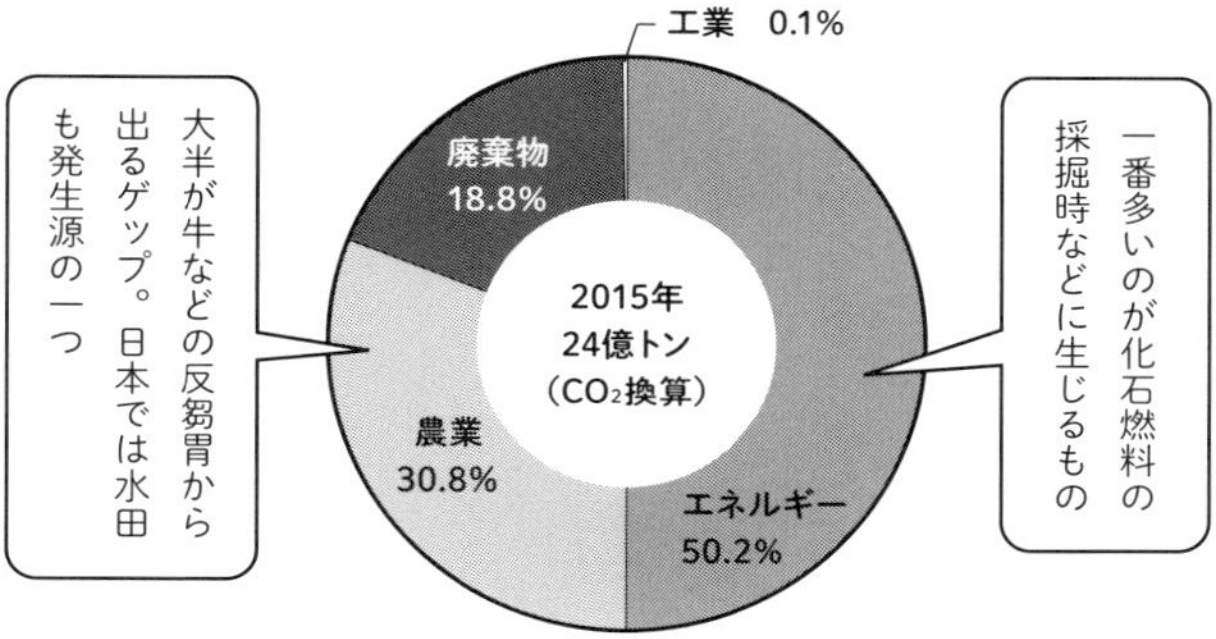

※「世界」とは、附属書Ⅰ国（京都議定書で削減目標を持つ国）
出所：UNFCCC　Greenhouse Gas Inventory Data 2015 より作成

二酸化炭素は、光合成によってセルロースなどの炭水化物に合成されます。それが牛のルーメン内の微生物によって分解され、副産物としてメタンが生成されることは、すでに述べた通りです。

ところが温室効果は強いものの、メタンが着目されているのは、二酸化炭素と比べて大気中での寿命が「約12年」と、ずっと短い期間で分解されることです。二酸化炭素は反応性が低く分解が非常に困難なため、大気中に数万年にわたって存在し続けます。ですから、今からその排出量を減らしたとしても、「温室効果ガスの量全体を減らす」ことには繋がりません。それに対して**メタンは分解が早いので、その発生量を削減することで、大気全体の温室効果ガスの総量を削減するのに、より効果がある**のです。

環境破壊する動物から、貢献する動物としての牛へ

こう考えると、**牛は地球環境にとって悪者ではなく、やり方によっては貢献することができる可能性を持っている**と言えるでしょう。世界では、牛全体の頭数、生乳の生産量は増加しています。この頭数の増加は決して、野生の牛が増えたわけではありません。人間が生乳生産という目的のために増やしてきたのです。考えてみてください。牛は何千年も前からこの地球に暮らして、草を食べて、ゲップをしてきました。それが今、人間の都合で牛が悪者になっているように感じます。悪いのは牛それ自体ではないことは明らかです。

乳牛の頭数を、これまでの傾向を踏まえて増加させていくことを目指すのであれば、**牛から発生するメタンの量を削減する、というのは重要なこと**です。メタンの発生を削減する添加物の開発や、牛の鼻にマスクをつけて、すぐにそのメタンを二酸化炭素と水に分解することで大気への放出をなくすという製品の開発も進んでいます。

このような技術開発を支えに今後も頭数の増加を目指す方向とともに、**頭数を一定に保つことで、**

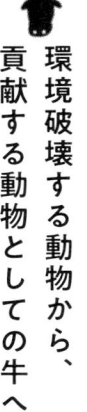

温室効果ガスの追加的発生を抑える方向も考えられます。どちらの方向を目指すのかは、畜産業界だけに委ねられているものではありません。どのような酪農・畜産の姿を目指すのか、未来に何を食べていくのか、という私たちの選択の問題でもあるのです。

貴重な資源、ふん尿のさまざまな利用方法

ふん尿「処理」という言葉には、厄介ものとしての排泄物をなんとか処理したいという意志が反映してしまいますので、ここでは貴重な資源の副産物という意味を込めて、ふん尿の「利用」という言葉を使いたいと思います。では、ふん尿利用にはどのような方法があるのでしょうか。

その利用方法は、飼養している規模や、牧場がある環境によって大きく異なります。またふんが乾燥しているか、湿っているのか、**ふん尿利用の重要なポイントの一つは水分**です。水分が少ないと、「簡単に運べる」「処理しやすい」「燃やすことができる」などのメリットがあります。一方で、水分がある程度あると微生物が活動できるので、発酵・分解が進みます。微生物のエサになることで、有機酸や植物が利用できる栄養素が生み出されます。

ただし水分が多くなりすぎると液体になるため、保管するためにスラリーストアなどの施設が必

要となります（堆肥の場合はただ「積んでおく」ことができるのですが）。また水分が多いと嫌気性になるので、発酵の仕方も変わってきます（メタン発酵など）。

たとえば……いきなり飛躍して聞こえるかもしれませんが、アフリカの国々では、牛のふんは乾燥させて燃料にしています。家の壁に使うところもあります。アメリカの大規模な牧場では、「フラッシュ」と呼ばれる水洗トイレの大型版のような方法で牛舎から流して、ふん尿は「ラグーン」と呼ばれる貯留槽に堆積されたのちに、畑に肥料として散布されます。

日本においては、畑には家畜ふん尿よりも、落ち葉や稲わらなどの有機物、さらにはし尿（人の尿）などの有機物を伝統的に活用してきたので、いわゆる堆肥源としての家畜のふん尿（厩肥《きゅうひ》）の重要性は低いと言われてきました。しかし明治時代に畜産振興が始まり、大正時代や戦後など、徐々に畜産業が発展するに伴って、その活用がなされてきました。

特に、北海道のような畑作地帯では、圃場の残渣以外に有機物の確保が難しいため、地力維持の観点からも、計画的に酪農や畜産の導入が図られてきました。都府県でもふん尿は、地域の水田や畑作農家にとって重要な有機物です。酪農家は、近隣の農家に対してふん尿を堆肥にして提供し、その代わりに稲わらなどの敷料を交換してもらってきます。「敷料」とは牛の寝床（牛床）に、牛の体や足と床面との接触を和らげて保護したり、ふん尿を吸着させて体を清潔に保ったり、保温し

床にわらの敷料が敷かれている牛舎

たりするために敷くものです。稲わら、麦稈《ばっかん》、牧草、おがくず、砂などが使われます。

こうして、**堆肥や敷料となることで有機物の地域内循環がなされてきました。**

地域内でのふん尿の循環は、乳牛の頭数と地域内の水田や畑、牧草地の面積のバランスがとれている間はうまくいっていましたが、1戸あたりの飼養頭数の拡大や地域内での農地の減少によって、そのバランスが崩れていきます。土地面積が大きな北海道においても、地域によってはそのバランスが崩れているところも出てきました。こうしたことが、家畜ふん尿の過剰問題として、水質の汚染や悪臭などの環境問題をもたらすことになりました。

そこで日本では、1999年に「家畜排せつ物の管理の適正化及び利用の促進に関する法律（家畜排せつ物法)」が制定されました。この法律をもとにして、全国の酪農・畜産農家でふん尿処理施設の整備が一気に進み、現在ではふん尿は適正に「処理」されるようになりました。

こうして、都府県のような農地のあまりないところでは、ふん尿は堆肥化されて、近隣農家などで利用されたり、ホームセンターで売られたりしています。北海道のように飼料生産のための畑があるところでは、ふん尿は畑に還元されます。

肥料分としてのみ考えると、成分が不安定なふん尿よりも、水田や畑などの圃場に必要な養分に応じたものを投入できる、化学肥料の方が簡単で便利です。そうした中で、直接的に収益に繋がるものではない堆肥に時間とお金をかけることが、ついつい後回しになってしまう場合があります。

ですが、**日本は外国から飼料を大量に輸入している国である以上、飼料を食べた牛から出た「ふん尿という栄養分」を、本来であればその国に返してあげることが必要です。でもそれはできません。だからこそ、貴重な資源であるふん尿を有効利用することが必要となっています。**今、そうしたことに取り組んでいる酪農の方が増えています。堆肥は肥料分だけではなく有機物として、土壌を豊かにするためにさまざまな役割を果たしています。このことについては後の **Lecture ❻** で詳しく説明します。

「自然放牧」って自然にも牛にも優しいの？

さて、**ふん尿利用の最もコストの低い方法とは何でしょうか？　答えは「放牧」です。**

牛が自分で歩いて行って、直接ふん尿を土地に還元してくれる。人は何の労力も必要ありません。尿には、カリ、窒素が含まれています。放牧地を見るとパッチ状に緑色が濃くなっているところがありますが、これが草地に落とされた尿の跡です。青々とした草は美味しそうに見えますが、実は牛は青すぎる草は食べません。窒素分が多すぎるため、苦いと感じるようです。

ふんについては、落とされるとすぐに、ハエやアブが寄ってきます。そして、フンコロガシなどの甲虫類が、ふんというエサに集まってきます。それらは、天候や気温などにもよりますが数カ月で分解され、その場所にまた牧草が生えてきます。

尿が落とされた場所の草についても、しばらくの間牛たちはそこの草を食べるのを嫌がります。ですが、時間が経つにつれて、牧草が養分を吸収して生長するにしたがって、牛たちはまたその場所の草を食べるようになります。結局はふんも尿も、植物や微生物たちの力を借りて牧草として循環していくのです。

はみだし　全国で放牧される乳用牛（酪農の牛）うち、9割が北海道で放牧されている（令和3年度概算値）

また放牧は、牛の健康にとっても良い効果をもたらします。

たとえば北海道では冬の間、放牧している農家でも牛舎の中で牛を飼います。ある酪農家に聞きましたが、春になって、牧草の香りがしてくると、牛たちが「早く出してくれ」と騒ぐのだそうです。そして牛舎の扉を開き放牧をすると、牛たちは我先にと放牧地に飛び出して、はしゃぐ姿を見せるそうです。

さらに土地にとっても、放牧は良い効果をもたらすことがあります。放牧されている草地では、土壌中に炭素を隔離（sequestration）できるという研究があります。*

＊ Paige L. Stanley et al., Impacts of soil carbon sequestration on life cycle greenhouse gas emissions in Midwestern USA beef finishing systems, Agricultural Systems, Volume 162, May 2018, Pages 249-258　より
https://www.sciencedirect.com/science/article/pii/S0308521X17310338

放牧されている草地では、通常は土壌を耕起せずに（不耕起）、継続的に草地を草地として利用し続けます。面積あたりにどのくらいの頭数を放牧するのか、という「放牧圧」を適切に管理することで、放牧地は持続的に利用することが可能となります。

それに対して、デントコーンや大豆などの飼料作物を生産する際には、土壌を耕起する場合が多いです。土壌の耕起は土中の有機物の分解を促進し、二酸化炭素を大気中に排出してしまうことになります。

草地のように不耕起にすることで、土壌中に空気中の炭素を閉じ込め、大気中に二酸化炭素（CO_2）を戻さずにその濃度を低下させる効果が期待されているのです（不耕起により土壌を攪乱させず、豊かな土の世界をつくる「リジェネラティブ農業」の考え方は、**Lecture ❻**で詳しく紹介します）。

放牧は良いことが多いように見えるけれど

このように、牛の健康や物質の循環という視点から見ると、良いことばかりに見える放牧ですが、少し視点を変えると、また違った面が見えてきます。

その典型的な例が「生産性」です。放牧を中心として牧草を食べ、穀物などを給与せずに酪農を行うと、1頭あたりの生乳の年間生産量は少なくなります。条件にもよりますが、「放牧＋牧草主体」の経営では1頭あたりの生乳の年間生産量は5000〜6000キログラム程度です。それに対して穀物を給与することで、その生産量は９０００〜1万キログラムを超えるものとなります。

条件を単純化して、1頭の牛が1年間で発生させるメタンの量が同じだとすると、どうなるでしょうか。生乳1キログラムあたりの生産に伴い排出されるメタンの量は、生乳量が多い後者の方が少なくなります。つまり、1頭あたりの生乳の生産性を上げる方が、(生乳1キログラムあたりの) メタンの生成を減らすことに繋がるのです。

これは牛肉の生産でも同様です。「放牧+牧草主体」で肥育する場合、穀物やその他の飼料をブレンドして給与する場合より、牛の成育に必要な栄養分が劣り生育期間が長くなります。その結果、飼養期間が長期化し、グレインフェッド (穀物多給によって生産された牛肉) と比べて、グラスフェッド (牧草を与えることで生産された牛肉) の牛肉の単位面積あたりに排出する炭素の量は高くなるという研究結果*もあるのです。

＊「カーボンフットプリント」と呼ばれる手法による研究より。
Judith L. Capper, Is the Grass Always Greener? Comparing the Environmental Impact of Conventional, Natural and Grass-Fed Beef Production Systems, Animals 2012, 2(2), 127-143　より
https://www.mdpi.com/2076-2615/2/2/127/htm

穀物は牛が食べるべきか、人間が食べるべきか?

今、世界には約16億頭の牛がいると言われています。1頭あたりの生乳生産量は、ずっと右肩上がりで伸びてきました。これは、牛の遺伝的改良、飼養管理技術の向上、そしてエサの改良によるものです。

エサについて言えば、いま高い乳量を支えているのが穀類です。牛がたくさんお乳を出すにはそれだけたくさんの栄養を摂取する必要があります。そして、限られた胃の容積の中でいかにして、栄養素の高いエサを給与するのかということが、牛の栄養管理のキーポイントになります。牧草はその意味で栄養の密度が低いのですが、穀物は密度が高いです。ですから、たくさん生乳を生産するためには穀物は欠かせないのです。

ですがこのように、高い生産性を達成するために穀物類を牛に給与するという酪農・畜産のあり方に対して、世界的には厳しい目が向けられるようになっています。その要因の一つは、人間が食べることができる穀類を牛に与える、ということの問題です。牛の本来の食べ物は、牧草などの人間が消化できないものです。ところが現在、牛の主な飼料は、人間も食べることができるトウモロコシや大豆などになっています。世界的に食料不足が発生している現状の中で、こうしたことは倫理的にも正しいことではない、という指摘がなされるようになりました。

実際のところ、世界の穀物の多くが家畜の飼料として使われています。小麦やトウモロコシはその約４割が家畜の飼料となっています。みなさんも聞いたことがあるかもしれませんが、牛肉１キログラムを作るのに11キログラムの穀物（トウモロコシ換算）が必要です。世界的に穀物が足りない状況で、家畜の胃袋を経由して人間が食べるのではなく、直接人間が食べる穀物を作る方が良い。だから、畜産は制限すべきだ、という意見があります。

また、飼料用に生産されている大豆ですが、その大豆生産が盛んな国の一つはブラジルです。ブラジルでは熱帯雨林を切り開いて大豆畑としています。Stockholm Environmental Institute というＮＰＯの調査では、２０１３~20年までの間に毎年、56~93万ヘクタールの森林や草地が大豆畑に転換されています。ただでさえメタンの発生源として地球温暖化の一因とされる酪農・畜産ですが、森林を破壊しているという意味からも温暖化を進めているのです。

さらに、牛の健康上の問題もあります。牛は反芻動物ですので、反芻をしないと病気になってしまいます。反芻を誘発するのは「長物」とよばれる繊維質です。しかし、高い生産性を維持するため、穀物多給型の酪農のやり方が世界的には広まっていきました。穀物を多給すると、ルーメンの発酵の過程で、牛にとってはあまり良くない状態（ルーメンアシドーシス）になってしまいます。エサの給与のやり方が、牛の健康被害の原因にもなり得るのです。

ただし以上のことから、すぐに「穀物多給酪農はいけない」とか「酪農は止めるべきだ」と短絡的に結論づけるのは危険なことです。穀物の多給そのものがいけないのではありません。その穀物がどのように、どこで生産されるのかということ。その給与量と産出量と、そして牛の健康とのバランスがどうなっているのか。こうした多様な要因が織りなしている複雑な関係をしっかりと認識して、**そこから自分たちがあるべきだと考える未来に向けて、どのような酪農のやり方が良いのか、を議論するということが大切**なのだと思います。

環境破壊の対策としての「フードテック」

酪農や畜産業が環境に負の影響を与えていることをうけて、その対策が急がれています。その方向には、大きく二つの流れがあります。

一つは、**科学技術を導入することで、環境破壊の原因となる物質の排出を減らそう**という方向です。メタンガスを削減するためのサプリメントや、ふん尿の処理を効率化する技術の開発（バイオガスプラント）もこうした流れに位置づけられるでしょう。

もう一つは、**家畜に頼らず肉（代替肉）を生産する「フードテック」と呼ばれる技術の開発**があります。現時点では二つの方向性があります。一つは、植物由来のタンパク質をもとにして、肉に似た食感のものを作る、というもの。もう一つは、「培養肉」といって細胞を培養して肉を作る技術です。

これらの技術は現在、まさに猛スピードで開発およびビジネス化が進められている最中です。培養肉については、現在は製造コストの高さなどが普及への障害となっていますが、低コスト化に向けた技術革新を実現すべく、ベンチャー企業などがしのぎを削っています。特に、アメリカでこうした研究開発が進められています。

アメリカは世界有数の牛肉消費国です。牛肉を食べる国であると同時に、肉を食べることに懸念を示す人たちも大勢いるという国です。「牛肉（またはそれに似たもの）を食べたいが、環境への影響も心配。それならば環境の負荷のかからない肉を作ろう」と、考えられているのです。

こうした技術開発には、一方で不安の声も挙げられています。現状では、「培養肉は必ずしも温室効果ガス削減には結びつかない」という研究結果も出されています。培養肉の原料として使う細胞は、無菌状態での精製・管理が必要になりますが、それは医薬品を作るのと同程度の衛生・環境コントロールが必要だからです。

化石燃料への依存度が高い電力を使った場合、その過程で温室効果ガスの発生が多く、一つのネックとなってしまいます。現状では培養肉を生産することで、通常の肉よりも25倍の温室効果ガスを発生させてしまうとも言われます。まだ技術的には確立しておらず、削減効果があるともないとも言えず、削減効果のほどは今後の技術水準による、という段階です。

また、代替肉の製造技術の安全性への懸念や、食味の問題、さらに製造工程に関する多くの技術が特許取得されているため開発した企業以外が製造することが難しく、利益の独占に繋がること、企業秘密があるため第三者が安全性について検証することが難しい、といった問題も挙げられています。

そもそも、動物を食べる必要はあるのか？

「そうまでして動物（動物性タンパク）を食べる必要があるのだろうか？」という風に思ってしまう人もいるかもしれません。これは各国の食文化を否定しているわけではありません。乳製品や肉類の摂取量は各国で異なり、昔からたくさん食べている国が、これからも肉を食べ続けるためにはそうした技術開発が必要でしょう。

ですが**その技術が、本当に環境に優しいのか？ をトータルで考えることが必要**です。たとえば「LCA（Life Cycle Assessment）」と呼ばれる考え方がそれにあたります。これは、ある製品を製造する際に、その製造に関する行程ごとに、二酸化炭素排出量などの、環境への影響を評価する方法をいいます。

また別の視点から見ると、**こうした技術開発が「何のために」行われているのか**ということも重要です。工業的畜産は、国民への安価なタンパク質の提供という歴史的使命を持ってスタートしましたが、それがある意味で不必要な需要を生み出し、過剰な消費を招いたとも指摘できます。

みなさんも、インターネットなどで何気なく流れてきた広告動画で購買意欲をそそられたことがあるのではないでしょうか。利益を生み出すために消費を拡大する。そのためにさまざまな手段を使って消費意欲を刺激する、というのは、資本主義社会と呼ばれる現代の特徴の一つです。そこには常に、利益追求の仕組みが働いています。こうした仕組みが「肉」の代替品としての「培養肉・培養乳」の市場拡大を求めているとしたら、それは良いことなのでしょうか。私たちが考えるべきとても重要なテーマの一つです。

これ以外の考え方はないのでしょうか。**環境に負荷を与えないやり方で育てた乳牛からの生乳を、**

必要以上にではなく適切な量を食べる、ということが、実はとても大切な考え方なのではないかと、私は考えています。

畜産の環境への悪影響や健康被害などを宣伝文句にした代替肉への急速なシフトが、一部の企業によって進められるとすれば、気がついた頃には、私たちには「普通の肉」や「環境に優しい方法で作られた肉」を食べるという選択肢がなくなっているかもしれません。自分たちの食のあり方、それを生産する農業のあり方を、一部の企業の利益という目的にだけ委ねて良いのでしょうか。流行や「なんとなく」で判断するのではなく、酪農・畜産のことを自分で判断し、自分なりの食・農に対する価値基準を持つことが、これからを生きる私たちの責任なのではないでしょうか。

まとめ

化学肥料が発明される前には、動物のふん尿は大切な肥料源だった。むしろお肉が副産物。

飼っている牛の頭数が増えたことで、ふん尿を還元する土地とのバランスが崩れ、地球に負担をかけている。

牛のゲップから出るメタンガスは、化石燃料由来のメタンガスと大きな違いがある。

Column ❸

ふん尿処理の手法

ふん尿「処理」の方法には大きく二つのやり方があります。一つは、固体としての利用、もう一つが液体としての利用です。

飼養頭数が拡大するに従って、牛の飼い方は「繋ぎ飼い」から、「フリーストール」と呼ばれる飼い方へ変化します。

繋ぎ飼いとは1頭毎にチェーンやスタンチョンと呼ばれる器具で牛を固定する飼い方です。その場合、ふんと尿は別々に回収されて処理されます。

一方、フリーストールは、いわゆる放し飼いです。牛は自由に牛舎の中を歩き回ることができますので、ふんと尿は区分されることなく一緒に混ざってしまいます。したがって、液状になったものを、スクレーパーと呼ばれる装置で牛舎から押し出して貯留するための施設に運びます。

その液状のものを、スラリーと呼びます。そのスラリーは、そのまま液体として利用する場合と、固液分離機と呼ばれる機械によって、液体と固体に分けて利用する方法があります。スラリーは、一定期間貯留された後に畑に散布されます。

また最近は、スラリーをメタン発酵させてそこから発電を行う「バイオガスプラント」と呼ばれる方法も広まっています。固液分離をした固体部分については、「戻し堆肥」といって、敷料に利用することもあります。

――アニマルウェルフェアのお話

牛舎で牛を飼うことは「牛に優しくない」のか？

酪農の経済性・合理性をどう考えるか

酪農は、畜産業の一つです。そして**畜産業とは、人間が利用するために動物を健康に飼うこと**です。乳牛は生まれてから搾乳できるようになるまでに約2年間かかります。長くかかるのですから、なるべく大切に飼うことが重要です。**より良い生産結果をあげるためには、その動物にとって適切な環境を整備してあげるのは大切なこと**です。暮らしやすい環境の中で育てることが、乳や肉の生産性にも繋がるからです。

こうした家畜飼養の基本的な考え方を共通の価値観としながらも、経済性というものが関係すると、実際にどのように牛を飼うのかについては、色々な違ったやり方がでてきます。

はみだし　実は臆病な牛さんたち。大きな声を出したり走り回ったりするのはＮＧ。まず安心してもらいましょう！（高）

図　どちらの牛が経済的に合理的か？

牛1

乳量6000キログラム／年の牛の場合

- 3万6000キログラム生産するには→6000キログラム×6回出産
- 2年＋1.5年×6回＝11年生きる
- 牧草中心のエサでOK
- 牛の体に負担がかかりにくく、お産の回数も重ねられる

牛2

乳量1万2000キログラム／年の牛の場合

- 3万6000キログラム生産するには→1万2000キログラム×3回出産
- 2年＋1.5年×3回＝6.5年生きる
- 牧草だけでは足りず、穀物などの濃厚飼料もなければここまでの乳量は出せない
- 牛の体に負担がかかるので、病気になりやすく、お産の回数も低い

＊牛はどちらも「1.5年に1回出産」「生まれてから搾乳できるまでに2年かかる」とする

たとえば、酪農家として1頭の乳牛をどのくらいの年月飼養することが「経済的に合理的か」を考えてみましょう（上図）。

1頭の雌牛が搾乳できるように育つまで約2年間が必要です。成長した牛から毎年6000キログラムの生乳を生産するとします（牛1）。その牛が1年半に1回出産をしたとして、仮に6回の出産を経験すると、その牛は11才まで生きることになりますね。この場合、この牛は生涯で6000キログラム×6回＝3万6000キログラムの生乳を生産することになります。一方で、一年間

で1万2000キログラムを搾る牛（牛2）がいるとして、それが3回出産をすると、こちらも生涯で3万6000キログラムの生乳を生産することになります。

こう考えれば、後者の牛2、つまりたくさんの乳量を短い期間で搾ることの方が、経済的には合理的に見えてきます。長く飼養するということはそれだけコストがかかるのですから、短い期間でたくさん搾った方が良いということになります。

しかし実際には、どちらの飼い方が経済的に合理的かを決めるには、これより多くの要因が関係してきます。生乳を多く搾るには穀物などの濃厚飼料が必要ですが、1年6000キログラム程度であれば、穀物はあまり必要なく牧草中心で搾ることができます。**穀物を安く手に入れることができる条件であれば、1頭からたくさん搾るやり方は合理的**ですが、穀物価格が上昇した場合はどうなるでしょう。**牧草を自分で安く生産できるような条件があれば、牧草中心の方が合理的**になる場合があります。

また1頭からたくさん搾るということは、牛の体にも負担をかけますので、病気になるリスクが高くなります。ですから、出産できる回数（産次数と言います）も少なくなる傾向にあります。一方で、低い乳量の場合は牛の体への負担は少なく、産次数も多くなる可能性が高くなります。

「工業的な畜産」の行き着くところ

世界的に見ると、酪農の飼い方は、比較的安く手に入れることができていた穀物をたくさん給与して、1頭からたくさん搾るという方向で発展してきました。このように短い期間で乳牛を更新していく方が、経済的に合理的でした。

ですが**経済性を目的とした場合、家畜にとって幸せとは言いがたい飼い方になる場合が多くなってしまいます。**とくに効率的に畜産を行おうとすると、大規模で集約的な飼養方法になります。狭い範囲で密集して飼い、同じエサを一律で与える。こうした飼い方をするためには、同じように育つように、遺伝的に改良され、性質がそろった家畜が必要になります。また、密集しているため感染症のリスクも高まり、予防するために抗生物質が与えられます。

人間と動物の関わりの歴史は古いですが、**今、畜産業に対して向けられている批判的な目は、主にこうした「工業的な畜産」に対するものです。**

近年、この実態が消費者に伝わるようになり、工業的な畜産が批判されるようになりました。特に、ブロイラーや採卵鶏などの養鶏は狭い空間にたくさんの鳥を飼養して、まさに工場のように鶏肉や

はみだし　牧場へ行ったらまずは牛さんに挨拶を。好奇心も旺盛なので、じっとしていると寄ってきてくれますよ（高）

卵を生産しています。

養豚についても、授乳中に子豚を圧死させないために母豚を柵の中に入れることが、動物にとっては苦痛を与えていると批判を受けています。また、豚同士がストレスを感じると尻尾をかじる行動をとりますが、それを防ぐために断尾することもあります。

こうしたことは、一面では動物自体に安全な環境を与えるために必要な対処だと言えますが、一方で、そもそも大規模、密飼いをしなければ良いのではないか、という意見もあります。

こうした中、より効率的・安定的に生産を行うという畜産業の使命を果たすためにも、動物に不必要なストレスを与えないようにするという取り組みがあります。**畜産業として動物を利用することを前提としつつ、その動物にも生きている間は幸せに暮らせる状況を確保するということが「動物福祉（アニマルウェルフェア）」という考え方**です。動物福祉には5つの自由というものがあります。こうした考え方は、欧米では広く普及し、法律も整備されています。この欧米での考え方の背景について、もう少し説明をしましょう。

動物福祉を理解する前に、キリスト教的な世界観をおさらい

みなさんは、キリスト教の世界観では、「動物・家畜は人間が支配するものとして神が作ったものなのだから、それを食べることは当たり前のことだ」と考えられていることを、もしかしたら聞いたことがあるかもしれません。

歴史学者の鯖田豊之さんは、旧約聖書の「創世記」の中に「すべて生きて動くものはあなたがたの食物となるであろう」という一節があることに着目し、「他の動物を殺して食べる権利のあることが、ここではっきりとみとめられている」（鯖田豊之『肉食の思想――ヨーロッパ精神の再発見』中公新書〈１９６６年〉、60ページ）と書いています。

「動物と人間は完全に断絶している」という認識から、こうした考え方が生まれているのですね。

鯖田さんはまた、日本的な世界観にはキリスト教的価値観とは異なり、「動物も人間も同じ生き物である」という、輪廻転生の世界観から来るシンパシーがあり、そのため、昔の日本人にとっては動物を食べるということに抵抗があった、とも言います。

はみだし　口角が上がっている牛は、横から見ると笑っているみたい。反すうで口を開けた時がシャッターチャンス！（高）

一方で、食生活デザイン論が専門で宗教と食に詳しい奥田和子さんは、先に紹介した旧約聖書の該当部分について、「〝支配〟とは人間が好き勝手にして良いということではなく、共通の生活空間である地に住む陸の動物と人間との間に土地をめぐっての争点があるときに、人間がそれを裁断しなければならないという権利、そしてその権利は人間と動物の共生に対する責任が結びついている」*と、指摘しています。

＊奥田和子「聖書は食肉・動物をどう扱っているか」『甲南女子大学研究紀要』第41号人間科学編、2005年3月、57〜70ページ。

つまり、人間が人間以外の創造物を無制限に自由にし得ることを意味しているのではなく、動物も、自分たちと同じく神が創ったのだから、人間に対するほどではないとしても尊厳を守るべき対象だということです。

さらに聖書では、食べ物としては、最初は地に生える「種を持つ草と種を持つ実をつける木」を与えている。そしてその後、堕落した人間に対して、神は洪水を起こすが、そのあとで神は、人間は幼いときから悪い心を抱くものだと認識して、二度と洪水を起こさないと言います。その後に唯一助けた人間（ノア）と彼の息子たちに、「動いて命あるものは、全てあなたたちの食料とするが良い。わたしは、これら全てのものを青草と同じようにあなたたちに与える。ただし、肉は命である血を含んだまま食べてはならない」と記しています。

奥田さんは、この箇所の解釈について同論文の最後で「血を食べないということの枠組みの範囲内で肉食が許されたのである。動物は神の所有物であり、人間がどうしても食べたいという時にのみ自分の責任において食べよという」ことだとまとめています。

こうしたキリスト教的な肉食に対する考え方が、現代の西洋の人々の考え方にどれだけ影響を与えているのか、正直わかりません。しかし**「食べる」という行為については、それぞれの国の風土や文化、宗教が影響しており、それが今も何らかのかたちで続いている**、ということは知っておく必要があると思います。

宗教や文化については私もまったくの専門外なのでなんとも言えませんが、欧米にはこうした考え方があり、そのうえで「自分の責任において」行う肉食というものは今も「特別なもの」なのではと、個人的には感じています。こうした視点を踏まえつつ、動物福祉の考えを解きほぐしていきましょう。

はみだし　牛の顔は縦長なので、スマホでの撮影は画面上の牛の目をタップすると目にピントが合いやすい！（高）

動物を食べる必要はあるのか？　の問いふたたび

酪農について動物福祉の視点から見てきましたが、ここでは酪農から話を少し進めて、「肉を食べること」についても考えてみたいと思います。**酪農は、生乳生産を主な目的とした畜産業ですが、牛肉生産とも不可避に結びついている**からです。

生乳を生産する牛（経産牛といいます）は、一定の年数が過ぎると生乳生産の役目を終えて、一定の割合で牛肉として人間の食料となります。また通常では、雌雄が半々の割合で生まれます（雌雄判別精液の普及で、雌だけを選んで生ませる技術もありますが）。生まれた雄は、肉用として育てられ販売されます。**スーパーで牛肉を購入する際に「国産牛」と記されているものは、ほとんどがこうした乳用種のお肉**なのです。この酪農にまつわる牛肉生産は、食料供給としても重要なだけでなく、酪農家の経営を支える重要な事業部門の一つでもあります。

こうしたことからも、酪農について考える上で肉の話は欠かすことができません。今、世界的に肉食をめぐってさまざまな議論が行われています。基本的には、肉を食べる量を減らすべき、または肉食自体を止めるべき、という議論です。その視点には、大きく分けて二つあります。一つは畜産業が与える生態系への影響と、もう一つが動物福祉の視点からです。

ロナルド・L・サンドラーの『食物倫理（フード・エシックス）入門──食べることの倫理学』（ナカニシヤ出版、2019年）は、この難しい問題を丁寧にひも解いてくれています。読んでみると「入門」と言うには難しい内容ではありますが。この本によると動物福祉の視点からの肉食を控えるべきという論拠は、次のような4つの論理構成（説明の手順）から成っているとしています。

①畜産（この本では「飼育農業」）は多くの苦しみを引き起こす
②適正な理由無しに他者に苦しみを与えるべきではない
③畜産を行う適正な理由はない
④したがって肉を含まない食事を採用すべきである

まずは①〜③を、1つずつ考えてみましょう。

①については、2つの意味が含まれています。一つは動物が苦痛を感じる生き物である、ということです。もう一つは、現在の畜産のあり方が苦痛を伴うものだ、ということです。動物が苦痛を感じるというのは、みなさんも直感的にはわかると思います。ペットを飼っている方にはすぐわか

はみだし　日本最初の肉食禁止令は675年に天武天皇が発令。牛・馬・犬・猿・鶏を食べることを禁じた

るでしょう。

肉体的なダメージだけではなく、精神的にも動物が苦痛を感じるということはわかります。一方で、動物が苦痛を感じる程度や、動物の種類によって違いはあるか、魚は？　昆虫は？　という問題もありますが、今はそこまでは論じずにおきましょう（実は一般論としては、これも一つの論点になっています。魚は痛みを感じるのか、感じるのであれば趣味としての釣りは禁止した方がよい、と主張する人もいます）。
②については、工業的な畜産のところでお話ししてきたように、効率的に乳肉を生産する飼養方式としての高密度な家畜飼養方式が、動物に不必要な苦痛をもたらすことが指摘されています。ただし他者に苦しみを与えることが、常に悪いわけではありません。この本にも例が載っていますが、子どもを歯医者に通わせることで、たしかに子どもには苦痛が与えられますが、それは治療をするという目的と照らして必要だから、ということになります。つまり「特に適切な理由がないのに他者に苦しみを与えるのはいけないことだ」ということです。
③では、畜産によって動物に苦痛を与えても良いという適正な理由はあるのでしょうか？　この本では、ほとんどの人は肉を食べなくても健康的な食事をすることができるという事実にもとづくと、肉を食べることには合理的な理由がない、と帰結します。

本当に肉食には合理的な理由はないのでしょうか？　倫理的に許されないことなのでしょうか？　前述した動物福祉の論証に対しては、この本では次のような反論があります。

一つは、「範囲の限定」です。二つの意味での限定があります。一つは、高密度な家畜飼養方式が問題なのであって、そうではないやり方によって育てられた家畜については食べてもよい、とする意見です。もう一つは、栄養的に十分な非肉食的食事を調達することができない人たちについては、肉食は許されるのではないか、とする意見です。これらをあわせて考えると、「十分な代替手段を持っている人たちは、高密度な家畜飼養方式で作られた肉は食べるべきではない」ということになります。

他の反論として、①肉食は単なる個人の選好（好み）の問題ではなく、ある人たちには特定の文化的な意義を持つ、②家畜はそもそも人間が利用するために作られてきたので、それを利用しないということは、そもそもその家畜に存在する意義はない、③動物の苦しみは道徳的に問題ではない、④一人くらいが食肉を止めたとしても、動物の苦しみは少しも減らないだろう（瑣末性）、というような主張があり、また、それに対する反証もなされています。

はみだし　牛はキラキラしたものに興味しんしん！　近づきすぎるとカメラやレンズを舐められるので要注意（高）

話がかなり混み合ってきました。サンドラーは、この問いかけについての結論の中で、次のように述べています。

動物福祉の視点に加えて、生態系の視点からも食に対してはさまざまな倫理的な特徴があり、多様な倫理的理由（動物福祉や生物多様性）からこれらの影響を減らさなければならない。それらの多くは工業的な畜産にまつわる問題であって、食料を豊富に有する人はこうした畜産によって生産される肉を減らすか、またはとらない食事のあり方を採用することによって、倫理的な食が実現される可能性は高いのだ、と。

そして「私たちは動物を食べるべきか」という問いが、「『動物を食べることは倫理的に誠実な食事の一部でありうるか』ということを問うことなのだと私たちがみなすなら」ば、その答えは「そうでありうる。しかし、肉を大量に消費する国々に現在存在している形態あるいは量では、そうではありえない」（同書、145〜146ページ）と結んでいます。

生態系からの視点と、動物の権利＝アニマルライツ

一方で、「動物の権利（アニマルライツ）」という考え方もあります。医薬品や化粧品などの品質を確認するために動物を利用することがありますが、動物の権利とは、動物実験を禁止する、毛皮を禁止する、つまり人間の都合によって、動物の命を利用しないことを確保しようという考え方です。

たとえば、高密度な家畜飼養方式で作られた食肉でなく、自然に近い状態で育てられた動物であっても、それを殺して人間が食べるべきではない。つまり、**動物の「苦しみ」ではなく「殺害・利用」自体を論点とする考え方が、アニマルライツと呼ばれます。**冒頭にも書いたように、酪農とは畜産業の一つです。そして畜産業とは、人間のために動物を利用する、というものです。ですので、アニマルライツという考え方は、畜産業というものと根本的なところで異なる価値観を持っているものと言ってよいでしょう。

欧米のアニマルウェルフェア基準と「5つの自由」

ここで動物福祉の話に戻りましょう。ヨーロッパにおいて動物福祉という考え方が社会の課題として認識され、それについて法律の整備などの対応がとられた最初の国はイギリスです。イギリス

はみだし　牧場で牛を撮るなら、舐められてもOK、汚れても良い服装で撮影にチャレンジしてみましょう！（高）

では19世紀くらいから、動物福祉の考え方が人びとの風紀や都市の衛生の問題として対処すべきものと捉えられるようになります。そして法律の整備が進んでいきます。

動物福祉についてイギリス政府は、１９６５年に動物学者のロジャー・ブランベルらに諮問をして、その報告書として出されたもの（通称「ブランベルレポート」）の中で、その後の指針となる「5つの自由」を示しました。この報告書をもとに家畜福祉諮問委員会が設立され、その後１９７９年に家畜福祉委員会（Farm Animal Welfare Council）となり、そこで「5つの自由」が成文化されました。**5つの自由とは、①飢えと渇きからの自由、②肉体的苦痛と不快からの自由、③痛み・傷害・病気からの自由、④正常な行動を表現する自由、⑤恐怖や抑圧からの自由**です。

そして世界的にはＷＯＡＨ（World Organisation for Animal Health、国際獣疫事務局）という機関によって基準が示されています。ＷＯＡＨは、加盟する各国で守られるべきアニマルウェルフェアに則った飼い方の基準も定めています。

動物福祉の視点は、今とても重要視されています。動物福祉の法整備が進んでいるＥＵでは、持続的な食や農業のあり方を目指す「Farm to Fork 戦略」が２０２０年5月に出されました。これからの農業や食のあり方を人びとの健康や環境に良いものにしていこうという非常に大きな政策の枠組みですが、その中で動物福祉についても取り組みの一つに掲げられています。動物福祉の実現は、動物の健康や食の質の向上に繋がり、動物向けの治療薬の使用減、生物多様性の保全にも役に立つという視点からです。そして各国では、最近の科学的知見にもとづきながら、動物福祉の実現に向けて取り組んでいくことが目指されています。各国がそろって達成すべき目標とされているのです。

また、OECD(Organisation for Economic Co-operation and Development、経済協力開発機構)が1976年に策定している「OECD多国籍企業行動指針」というものがあります。加盟国の他、非加盟国13カ国が参加したこの行動指針は、企業に対して期待される責任ある行動を自主的にとるように勧告するもので、法的な拘束力はありませんが、重要な指針の一つとなっています。

2023年に6回目の改訂がなされたのですが、その中に動物福祉についての項目が初めて記載されることになりました。企業はWOAHがさだめる動物福祉のコードに沿った行動をすることが明記されたのです。

牛にとって優しい飼い方とは

では、これまで述べてきた考え方を頭に入れた上で**「牛に優しい飼い方」とはどのようなものでしょうか。**

はみだし 牛の表情を撮るなら、曇りの日の方が影がやわらいで綺麗に撮れますよ(高)

放牧は、時に過酷な環境にもなる。なにが牛にとって自然な暮らしなのだろう？

実はこれはとても難しい、深い深い質問です。みなさんが幸せだな、と感じるのは何をしている時でしょうか。美味しいものを食べている時、友だちと遊んでいる時などでしょうか。ですが、それぱっかりをやっているとどうでしょう。もしくは親から勉強をしなさいと注意されたり、遊んでいる時に思わぬ怪我をしたりしたら。

牛は、人間が人間の目的で飼っているのだから、人間が好きなようにして良い、ということにはならないでしょう。牛には牛の「意志」があります。では、牛の意志に任せることが牛に優しい飼い方と言えるでしょうか。また、この場合の牛とは、人間が人間の目的に合わせて長い時間をかけて改良してきた家畜としての牛です。この牛を野性に返したとして、生きていけるのでしょうか。

たとえば、放牧です。放牧は牛にとっては「自然な姿」に見えるかもしれませんが、それはどんな条件でもそうだとは言えません。日本の乳牛のほとんどを占めているホルスタイン種は、本来は涼しい環境で生まれた牛です。この牛を日本のようなモンスーン気候の中で飼養する場合に、果たして放牧をすることが牛に優しい飼い方と言えるでしょうか。

とくに夏の暑い日や、アブが多い時期など、牛たちは外に出ることを嫌がります。外に日陰となる場所（避陰林）などがないと、大変です。ホルスタインたちは夏バテしてしまいます。夏には牛の乳量が低下するというのも暑さが原因です。また、蚊などの吸血昆虫を媒介として感染するウイルスによる病気（アカバネ病など）もあります。ワクチンや虫除けのタグをつけるなどの対策が必要になります。

現在、日本では、乳牛の暑さ対策が大きな課題となっています。日本の猛暑をやり過ごすための牛舎の環境整備に酪農家は大変な神経を使い、投資もしています。大型の扇風機を何台も導入して、牛舎内を強制的に換気するトンネル換気のシステム、微細な霧を噴霧してその気化熱で牛舎を冷やすシステムなどは、いまや必須の設備投資となりつつあります。

酪農は、どこまでいっても、人間が食料を確保するという自分たちの都合のために動物を利用している産業であることに変わりはありません。だからといって、動物たちを自分たちだけの「都合」

はみだし　撮影の仕事でも牛が可愛くてついつい近づきすぎ、どアップの写真が多くなりがち……反省（高）

で自分勝手に扱うことがあってはいけません。

酪農家の人たちは、自分たちの暮らしが牛たちの命によって成り立っていること、その責任を十分に認識している人たちがほとんどです。そして、そうした責任の認識の上で、それぞれに、自分たちの酪農家としての牛との関係性を築き上げ、折り合いをつけながら、日々命と向き合った仕事と暮らしを行っているのです。

牛に優しい飼い方とは何か。それは、牛とそれを飼う人間の間に責任があるか、ということにあるのではないでしょうか。極端なことを言えば、そこに責任があるならば、「優しい飼い方」の形はさまざまであるとも言えるでしょう。

ある時、新規参入をしたばかりの牧場に、ベテランの酪農家の人たちと一緒に視察に行きました。牛舎の入り口の一番近くに、体調の悪い牛が寝ていました。聞くと、数日前から体調を崩し、獣医さんに診てもらっても、治る見込みはないということでした。ですが、牧場の経営主の奥さんは、その牛を見放すことができずに看病をしていると話してくれました。一緒にいたベテランの酪農家の方は、「経営から見ると、あの1頭にあれだけの時間をかけることは無駄なことだ。自分だったらすぐに淘汰する。経営的にはそれが正解だが、彼女にとっては、そしてこの新規参入の牧場にとっては、牛との間のああいう時間も必要なのかもしれない」と話してくれました。

酪農家たちは、自分たちのことを「畜主」という言葉で表現します。家畜である牛たちの「主人」であること。そして彼女ら、彼らの命を預かりながら経営を行っていくことの責任が、「畜主」という言葉には込められているように感じます。

まとめ

経済性のみを目的として酪農をすると、牛にとっては幸せとは言えない環境になる場合が多い。

「アニマルウェルフェア（動物福祉）」は欧米で普及している考え方。畜産で飼う場合も、動物本来の行動を制限されることなく、幸せに暮らせる環境を維持するための考え。

「牛にとって優しい飼い方」は、牛と飼う人の間に「責任」があるかにある。

リジェネラティブ農業の実現に必要なものとは？

――酪農・土・地球の未来のお話

農業は地球に悪い影響を与える産業？

農業はどちらかといえば、地球に悪い影響を与える産業です。

日本ではそうしたイメージはあまりないかもしれませんが、それは水田が主体だからです。水田には、ダムのような貯水、治水機能があることは学校の授業でも習うでしょう。「農業の多面的機能」といって、その他にも憩いの場を提供するアメニティ機能や、自然について学ぶことができる教育機能などがあります。

しかし、世界的に見ると農業は、環境破壊の原因の一つとなってきました。森林を切り開いて農耕地にすることは、農業から見ると生産の拡大というポジティブな現象ですが、環境という視点か

ら見ると森林の破壊です。

農業生産自体がもたらす環境への悪影響もあります。家畜から出るメタンの他にも、化学農薬による環境汚染は、１９６０年代から指摘されてきました。さらに最近では、土壌の劣化ということが重要な課題となっています。土壌が本来持っている力を失うことで、作物が育たなくなる砂漠化が進みます。土壌の劣化は、化学肥料や農薬を過度に使うことで土壌の微生物がいなくなってしまうことも大きな要因になります。そうなってしまった土地で作物を育てるには、より多くの化学肥料が必要となります。湿地の農地化もそうです。湿地を排水して農地にする、ということが世界的に進んできました。

北海道もこうした土地改良を進めてきました。一方で湿地は生物多様性の意味でとても大切な自然資源です。また、湿地には分解されていない植物が堆積しています。それを排水して農地にすることで、それまで土中に固定されていた炭素が空気中に拡散してしまいます。

こうした視点から、土壌を健康に維持することの重要性があらためて注目されています。

地球環境のために、農業は何ができるのか。土壌を維持するだけではなく、再生することで、農業生産を通じて温室効果ガスの削減や生物多様性の確保などを実現しようという動きが見られ始めています。

リジェネラティブ農業とは

土壌の再生とそこでの土壌微生物やさまざまな生態系の力を活用した農業のあり方を目指す動きには「リジェネラティブ（土壌再生）農業」という名称が付けられるようになっています。リジェネラティブ農業には、いくつかの原則がありますが明確な定義はありません。私はこの定義のなさこそが重要だと考えています。定義について話す前に、まず原則からおさらいしましょう。

原則としては、土壌の力を引き出すことを農法のやり方の最優先に置くことです。リジェネラティブ農業が広まるきっかけを作った一人である、アメリカのゲイブ・ブラウンさんによると、土壌の再生には次の5つの原則が重要だと言います。それは、①**土壌を極力攪乱しない（耕起しない）**、②**地表を常に植物で覆う**、③**多様性を促す**、④**植物の生きた根を長い期間保つ**、⑤**動物（家畜）を利用する**、の5つです。そしてこの5つの原則に先立つものとして、「**自分の（農業経営）の立ち位置、現状を認識する**」というものがあります。各自が置かれている状況に応じて対応することが、土壌の健康のためには大切なのです。

健康的な土壌のためには、土壌の中に、多様性ある世界を作ること。そして、そのために家畜を利用するという考え方がその根底にあります。

土と微生物と動物──生産性を上げた近代農法のセオリー

みなさんは植物が育つために必要な栄養素として、窒素（N）、リン酸（P）、カリ（K）が必要だということは聞いたことがあると思います。それらの栄養分は土の中にありますが、収量を上げるためには、肥料としてさらに入れる（施肥する）必要があります。

一方、土壌には、さまざまな微生物や動物が棲んでいます。それらは、土の中にある有機物を分解して栄養素にして生きていますが、栄養を取り込んで吸収すると同時に、代謝物として無機物を排出します。人間でいえば、呼吸で酸素を取り込む代わりに、口から二酸化炭素を出すのと同じことです。

微生物は有機物を食べて、無機物を代謝物として排出します。たとえば、土の中に残った植物の死んだ根は土壌動物（ミミズなど）や微生物によって分解されます。根を構成していた炭素はCO_2となり、窒素はアンモニウムイオンとなり、リンはリン酸イオンとなり、放出されます。こうした無機物が植物の根から吸収され、植物の栄養となるのです（図では、窒素の場合で、土壌や大気中を循環する様子をあらわしています）。だから、土壌には有機物が必要だと言われてきました。

しかし19世紀末から20世紀にかけて、「近代農法」が発展するに従い、新しい考えが台頭します。それは、有機物がなくても、**微生物が有機態から無機態に分解する物質を化学的に合成して（いわゆる化学肥料）、それを投入してあげれば植物は育つことができる、という考え方です。**この方法のほうが、植物に必要な栄養分をより効果的に与えることができるので収量も上がる。それが肥料分の「無機説」と呼ばれる考え方にもとづいた、近代農法です。

「複雑でよく分からない」土や微生物の世界を科学の力によって解明し、要素に分解する。そしてそれをより効率的な形（＝化学肥料）に置き換えることで、人間がコントロールできる形にして生産性を上げる。こうした考え方が、近代農法の根幹にはありました。

同じような考え方は、農業の他の場面においても見られました。たとえば、気象という不確定な条件に左右されないように、ビニールハウス栽培などの施設園芸によって、生育環境をコントロールすることなども、そうした考え方の表れです。

図　窒素循環の模式図

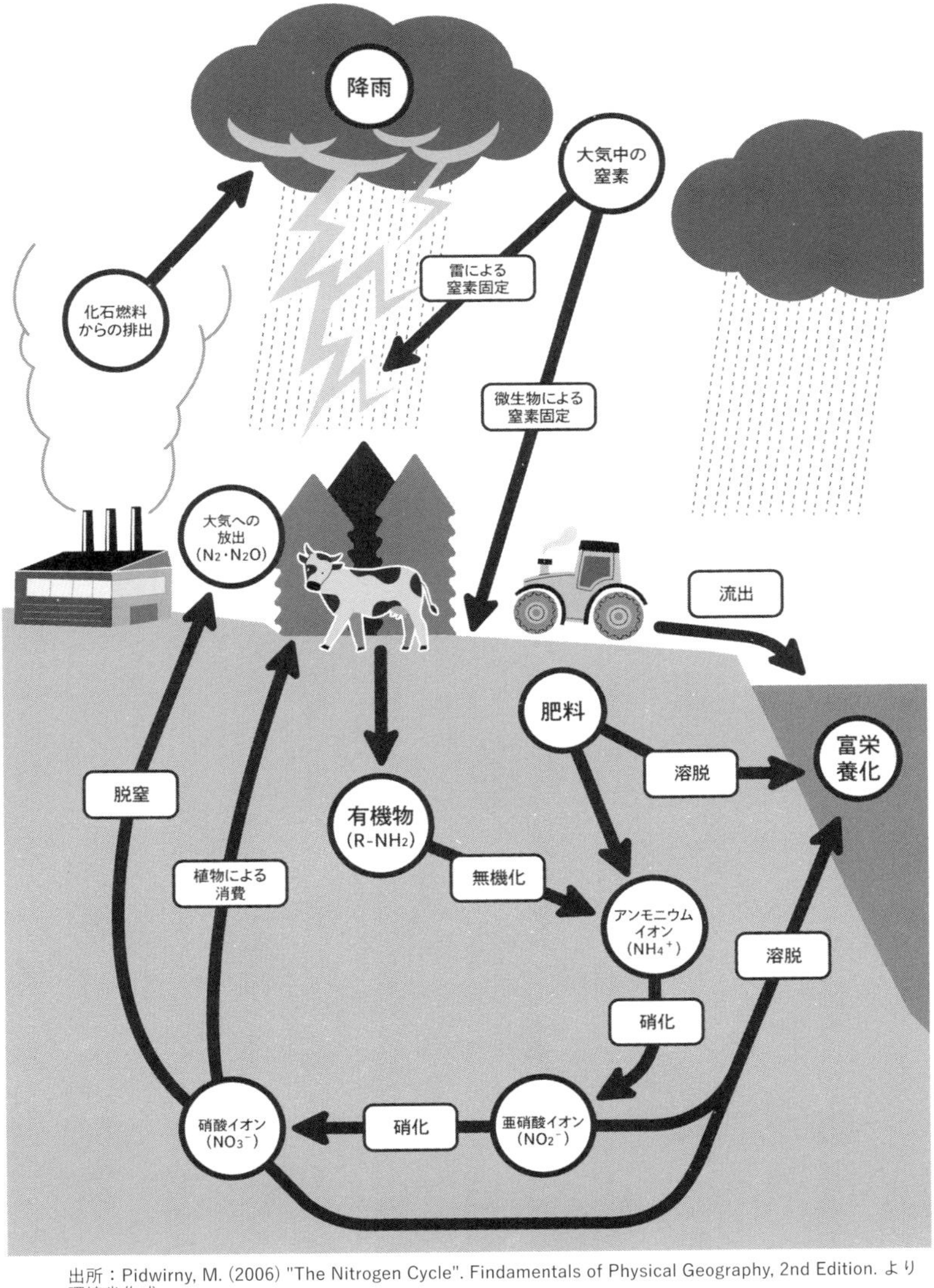

出所：Pidwirny, M. (2006) "The Nitrogen Cycle". Findamentals of Physical Geography, 2nd Edition. より環境省作成

自然という複雑なものを、人間や科学の力でコントロールする。こうして近代農法はめざましい発展を遂げましたが、そのやり方の維持には常に人間の関与、外部からの投入が必要でした。そして今、その外部からの投入を持続させることが困難となっているのです。

そうした中で改めて、複雑でよくわからなかった自然の仕組みを複雑なものとして理解して、その自然の力を利用する農業のやり方が注目されるようになってきました。そこでの人間の役割は、自然の力を科学技術で代替するのではなく、自然が作物生産を助けてくれるような環境をいかに作り出せるのか、ということにあります。人間中心から、自然、もっと言えば「土壌の世界の住人」中心の考え方への転換です。

こうした転換は、矛盾して聞こえるかもしれませんが、科学技術の発展が一つのベースになっています。21世紀になってから、科学技術（＝分析技術）の発展によって、これまでわからなかったさまざまな現象を理解することができるようになってきたのです。

土と微生物の関係についてもそうです。植物は、単に土壌から栄養分を吸収しているのではなく、土壌微生物と栄養分を相互にやりとりしている関係性にあることがわかってきました。植物は光合成によって、自分の体を形成するセルロースなどの炭素化合物を、水と二酸化炭素から作り出します。その炭素化合物は植物だけが利用するのではなく、根から染み出して土の中に放出されます。

それを植物と共生している「菌根菌《きんこんきん》」と呼ばれる菌類や、土壌微生物が利用することで、土の世界を豊かにしてくれるのです。その結果として、土の中には有機物が蓄積され、そこにさまざまな生物の豊かな世界が生まれます。

かつて、植物は土から栄養を吸収していると考えられていました。しかしそれだけではなく、**植物は光合成という恩恵を土の世界と共有していることがわかってきた**、ということです。こうした分析技術による成果が、本来の自然力を活かした作物生産へのヒントとなっています。

雑草は養分を取り合う敵ではなく、仲間だった

雑草についても、「土の表面をより多くの植物で覆っておくことで、そこに降り注いでくる太陽の光をくまなく利用して土に送り込める」存在として研究が進んでいます。

これまで作物と土の養分を取り合う競争相手であった**「雑草」は、実はともに土を豊かにする仲間であるかもしれない**ということが見えてきたのです。雑草には多様な種類があり、背丈や葉っぱの形が異なります。また葉の広がる方向も、水平方向だけではありません。それが太陽の光を有効活用することに繋がり、面積あたりの生産できるバイオマスの量は高まります。

はみだし　健康な農耕地では、茶さじ1杯分の土に10億個もの細菌や数千の原生動物がいるといわれる

土の上の世界だけではありません。土の中、つまり根の広がり方も違いますし、それぞれの植物がどのような土壌微生物と関係を結ぶのかも異なるので、いろいろな種類の植物がいることで、土の世界もより多様性が増していくことになるのです。

土の中に炭素を貯蓄する菌根菌

土の中にもう少し目を向けてみましょう。**Lecture ❹**で少し触れましたが、土壌に炭素を貯蓄することで、二酸化炭素の排出量を抑えられるという話をしました。

最近の研究では、菌根菌が土の中に膨大な量の二酸化炭素を取り込んでいることが明らかになりました。菌根菌とは、植物の根の中や周りに生息している菌類のことで、植物が根から水分や養分を吸収するときに、一緒に働いている菌類です。

陸上植物の約8割は、この菌根菌との共生関係によって生きています。植物の多くは、菌根菌があるおかげで土から栄養分を吸収することができます。そのお礼として、植物は作った糖分などの栄養分を菌根菌に与えているという共生関係にあるのです。もっと極端に言えば、植物は菌根菌たち微生物が生きるために必要な養分を「作らせる」ために生まれてきた、というくらい密接に関係して生きているのです。

これまでも土中に広がる菌根菌のネットワーク（菌糸を形成する炭素）は膨大な量になるだろうとは考えられてきましたが、最近の研究*では、陸生植物が大気などから固定した炭素のうち、毎年130億トン以上のCO_2が菌根菌に渡されていることが明らかとなったのです。

＊今回の研究では、これまでに学術論文として発表されてきた論文レビュー（既存の研究の成果をそれぞれのテーマに沿って改めて見直して、データを整理し直すという研究の方法です）によって、数値的に明らかにすることができました。

Heidi-Jayne Hawkins et al., Mycorrhizal mycelium as a global carbon pool, Current Biology, Volume 33, Issue 11, 5 June 2023, R560-R573　より

https://doi. org/10.1016/j.cub.2023.02.027

この数値は世界の化石燃料からの排出量の約36％に相当するということです。植物によりますが、植物は炭素の1～13％を菌根菌に与えているのです。二酸化炭素を大気から取り除いて固定する「炭素貯留」として、木を植えることが注目され取り組まれていますが、実は菌根菌も土の中で見えない大きな役割を果たしているのです。

土の循環に不可欠な、家畜という存在

「土の話ばっかりで、酪農とは全然関係ないじゃないか」と思っている方もいるかもしれませんね。そんなみなさん、お待たせしました。ここで酪農（畜産）の登場です。

大気と植物と微生物による土の循環を促進する役割をはたすのが、実は家畜なのです。とくに家畜の放牧は、この循環を促進する効果があります。さまざまな植物を牛が食べることによって、植物には再生が促されます。それによって、再び二酸化炭素を吸収して植物が生長します。

牛がいることは、土の活性化にも繋がります。**牛が歩くことで土壌の表面に刺激を与え、また、ふん尿が栄養分や有機物を補給してくれる**ことにもなります。もちろん、牛が植物を食べ過ぎて、たとえば根こそぎ食べてしまうような状況になれば、植物は再生できないので、土壌は劣化してしまいます。ですが適切に牛を活用することで、物質循環のサイクルを促進できるのです。

土壌を豊かにすることが、持続性のある農業に繋がる

こうした考え方を取り入れ、**人間が食べる作物とともに牛をはじめとした家畜も食べられる飼料作物を、同時に畑に植えて育ててしまおう、というのがリジェネラティブ農業のやり方の一つ**です。

この取り組みの一つに「パスチャークロッピング(Pasture Cropping)」というものがあります。

たとえば麦類は、人間の可食部分は種子というごく一部のみですが、牛は葉っぱや茎も食べられます。麦類を草地に植えることで、牛のエサと人間の食料を同時に栽培する取り組みです。草地にすることで土壌を保全しながら、そこに溝を切り穀物を栽培します。牧草を収穫する時期と穀物を収穫する時期はそれぞれ違いますので、競合することなく、共生して土地を利用することができるのです。

パスチャークロッピングのポイントは、いわゆる「永年草地」、つまり多年草の植物を植え、不耕起で植物と土中の微生物の世界を攪乱しないで豊かにしつつ、そこに単年草である穀物などの作物を植えて収穫をする、というところです。必ずしも放牧地である必要はありません。土を攪乱せず、植物の根をなるべく生きたままの状態で保ちつつ、同時に食料生産も行うのです。

また、一年草だけではなく、多年草、さらには果樹などと作物栽培を組み合わせる「アグロフォレストリー」という取り組みもあります。これはアマゾンなどの熱帯雨林などで実践されてきた農法ですが、最近では畑作農業に果樹を導入する、という意味でのアグロフォレストリーも見られ始めています。いずれも、**畑や農場の中に植物や動物の多様性を生み出すことで土壌を豊かにして、持続的な農業生産を行う**という取り組みです。

「土壌の世界の住人」を中心に農業を考える

近代農法では、少数の作物を専門的に作るモノカルチャーが効率化のための方法だと考えられてきました。それは人間の都合から見ると確かに効率的でした。色々なものを作るよりも専門化することで、余計な機械や施設への投資は要りませんし、労働も専門化、細分化することで、作業の機械化、自動化にも繋がります。

ですが、そうすることは同時に、土壌の世界を貧しくすることでした。**豊かな土壌世界が提供していたことを人間や科学の力で代替し、人間が取って代わろうとしてきた結果がさまざまな悪影響をもたらしてしまった**のです。これからの人間や科学技術は、土壌の世界を豊かにすることへのサポートに力を入れることで、持続性と生産性の両立が可能となるのではないでしょうか。

「リジェネラティブ（Regenerative）」という言葉は「再生」という意味を持ちます。世界的に見ると、砂漠化や土壌の劣化が著しく進んだ地域においては、まさに「再生」という意味で、リジェネラティブ農業の実践が進められています。「再生」という言葉が強調されすぎると、現在、農業生産が行えている地域では、リジェネラティブ農業の実践は必要ないのでは、と思う人もいるかもしれません。しかし、先に説明したように、**土壌の世界を中心とした農業に転換することは、極端に言えば、すべての農業において必要なこと**だと言えます。

リジェネラティブ農業は、再生だけではなく、土壌の修復、修理、改良というように、それぞれの条件に応じた幅広いものとして捉えていくことが必要だと思います。そしてその根底にあるのは**「土壌の世界の住人」を中心として農業を考える**ということです。

まとめ

世界的に見ると、農業は環境破壊の原因の一つ。土壌を健康に回復し維持する（リジェネラティブ）ための取り組みが始まっている。

「リジェネラティブ（土壌再生）農業」は土壌中の微生物の力を使い、再生させる農業のこと。

「リジェネラティブ農業」は土、植物、菌が共生する自然の仕組みを利用している。

土の循環を促進する役割を果たすのが、牛などの家畜。

Column ❹

「酪農を知れば、世界がわかる」とはどういうことか？

知識として知っているということであれば、世界のすべてを知識として知ることはできません。また、今はどんな情報でもインターネット上で見ることができますので、その意味では逆に、世界を知ることはできるかもしれませんが、それで「わかった」とは言えないでしょう。

かつて、三澤勝衛という人は、長野県を中心として地理学を研究していました。彼は、自分の地域のことを徹底的に追究することで、それが世界を知ることに繋がるという内容の話をしています。世界を知るということはつまり、なにか一つの事象がどのように成り立っているのか、それが周りとどのような関係の中で存在しているのか、その関係性を知るということだと思います。酪農――牛と共に生活をするということは、多くの国にその歴史があります。そしてその国の風土によって実にさまざまな形態がありますが、牛を飼うことには共通の土台があります。つまりその土台を知ることでその応用として、世界を知ることができると思うのです。

「酪農を知れば、世界がわかる」ことには、もう一つの面があります。酪農は他の農業と比べて、日本に定着して間もない農業です。本格的な定着は第二次世界大戦後になってからといって良いでしょう。今も酪農家は世界から情報を集めていますし、牧場の後継者たちで若いうちにアメリカなどで研修をする人も多くいます。「北海道酪農の父」といわれる人たちの多くも、アメリカやデンマークで酪農を学んできました。アメリカやデンマークをお手本にした日本の「酪農」は、その最初から世界と繋がっていたのです。

そしていまだに、日本らしい酪農とは何か、北海道らしい酪農とは何か、ということを模索し続けている産業です。稲作では、日本らしい稲作とは何か、などと考えることはないでしょう。日本の酪農は、変わり続けている。変わり続けていくためにも、常に世界と繋がっていないといけない、世界を知らないといけないのです。

今の酪農が抱えている「危機」も、世界と繋がっています。輸入した穀物を給与して、たくさん生乳を搾ることが正解だった時代が、つい最近までありました。その前提条件が変わっていく中で、次の酪農のスタイルをどのように構築していけば良いのか。稲作であれば、「この稲作のやり方、稲作が土台となる農村のあり方を守りましょう」という言い方もできますが、「この酪農、この酪農村を守りましょう」という言い方はできていないように思います。だから今、私は「この酪農のやり方、この酪農村を守りましょう」と言える酪農とはどんなものなのか、考えたいと思っています。

私が若い頃に知り合った、北海道の東部に戦後開拓で入植した酪農家は、当時で70代。ご自宅で夕食を一緒にいただいた時「食後には必ずご飯茶碗に牛乳をかけて茶碗をきれいにする」とおっしゃっていました。まるで禅の教えのようです。彼にとって、自分でつくっている生乳を日常生活の中に取り込むことは当たり前で、むしろ生きるために必要なことでした。酪農家の人たちがこうして日常に乳製品を取り込んでいたら、米と乳製品とが融合した食文化も北海道で生まれていたかもしれません。そしてそれが「北海道の酪農村」の一つの構成要素になっていたかもしれません。

このようなことから、日本の農業の中でも酪農はきわめて「世界と繋がっている」ことがわかるかと思います。

実践編

牛乳が生まれる現場を歩けば、見える世界がかわる

小林より

ここからは、酪農の現場を一緒に見ていきましょう。まず3軒の個性ある酪農家のもとを訪れます。1軒目の「ベイリッチランドファーム」は、ロボット搾乳機を取り入れた最新の牛舎で、牛の能力を最大限に引き出しています。2軒目の「石田牧場」は、牧草地での放牧による循環型農業を大切にしています。3軒目の「ノースプレインファーム」は自分たちで搾った生乳からチーズなどを作り、レストランまで一体となった経営をされています。最後の「JAけねべつ」では、酪農家をサポートすることの実際をお聞きします。今回は酪農家を目指す学生、佐藤桃さんも同行し、より深く酪農の現場を知ってほしいと思っています。

酪農の姿を多くの人に
知ってもらう活動も
やってみたいです！

佐藤桃（さとう・もも）さん

2002年、東京都町田市生まれ。小学校5年生の時に山梨県の養鶏場を見学して、農業に関心を持つ

酪農家になりたい！　夢を叶えるために北大へ進学

――まずは桃さんが酪農に興味を持たれたきっかけを教えてください。

佐藤桃（以下、桃）　両親がキャンプ好きで、小さい頃から家族でよくキャンプに出かけていました。なので、私も物心ついた時から自然が好きで、小学校5年生からは東京を離れ、自然豊かな環境にある山梨県南アルプス市の私立小学校へ転校しました。

農業に関心を持ったのも、この小学校での体験がきっかけです。この学校では課外活動として近隣の農家へ見学に行くのですが、その一環で山梨県北杜市の養鶏場を見学したことが農業に関心を持った最初でした。その養鶏場は、採卵鶏を放し飼いにしながら、鶏のふんを肥料にして野菜を作り、さらにその野菜を鶏のエサにするという農業を実践していました。養鶏と畑作を一緒に行うことで、鶏のふんが土に栄養を与え、野菜が育つ。土が仲立ちしつつ、鶏のふんと野菜が循環して食べ物が生まれることに感動し、中学生になってからは自分で鶏を飼うようにもなりました。

――最初は鶏に関心を持たれていたのですね。でも、今はどうして酪農に興味があるのでしょうか？

自分なりに循環型農業を調べてみると、循環型農業と牛の放牧はとても相性の良いことがわかったからです。実は最初に牛の放牧を利用した循環型農業のことを知ったのは、今、私が所属している北海道大学農学部のホームページを見たことがきっかけでした。なので、高校に入ってからは「北大に進んで酪農について研究しよう！」とずっと決めていました。

――今はまさに高校生の頃から思い描いていたことが実現しているわけですね。ところで、桃さんは将来、酪農家になりたいと思っているそうですが、酪農家になるという目標はいつ頃から持たれていたのでしょう？

桃　酪農家になりたいという気持ちは中学生の頃からあって、高校を卒業してすぐに酪農の道へ進むことも考えました。でも、私は牛の放牧を利用した循環の仕組みを知ることにも関心があったので、まずは大学でその仕組みを勉強してから酪農家になろうと考えました。今はまだ本格的に研究はしていませんが、今後は牛の放牧をすることで土がどのように変化するのかを研究してみたいと思っています。

──将来やってみたい酪農の理想像はありますか？

桃　一番大切にしたいと考えているのは、牛と草が循環するような酪農です。牛を放牧してふん尿を土に与えて、その栄養分で牧草が生え、それを牛が食べて牛乳に変える。こうした自然の中での循環を最大限に利用した酪農をやってみたいと考えています。あとは、そうした酪農の姿を多くの人に知ってもらう活動もやってみたいと思っています。

私自身、小学生の頃に循環型農業を実際に見たことで農業に関心を持ちました。なので、私が酪農家になって循環型の酪農ができるようになったら、その姿を見てもらって少しでも多くの人に農業に関心を持ってもらいたいと考えています。

そのための方法はまだよくわかりませんが、牛乳を加工して作ったチーズなどを自分たち自身で販売することで、消費者の方と直接コミュニケーションをとる機会を作れればいいなとも思っています。

Interview

実践編

❶

ロボット牛舎を考えた家族経営を行う

ベイリッチランドファーム

酪農家の人たちに「酪農の魅力とは？」と聞くと、答えにはいくつかの傾向があります。その一つは、「ホルスタインという牛が好き」という人たちです。

今の世界の酪農の中心を占めているのが、ホルスタインという種類の牛です。この牛は、長い時間をかけて高い乳量を目指して人間が改良してきた品種の一つです。このホルスタインという魅力的な牛の能力を、より高めて次世代に繋いでいくという酪農家たちの努力

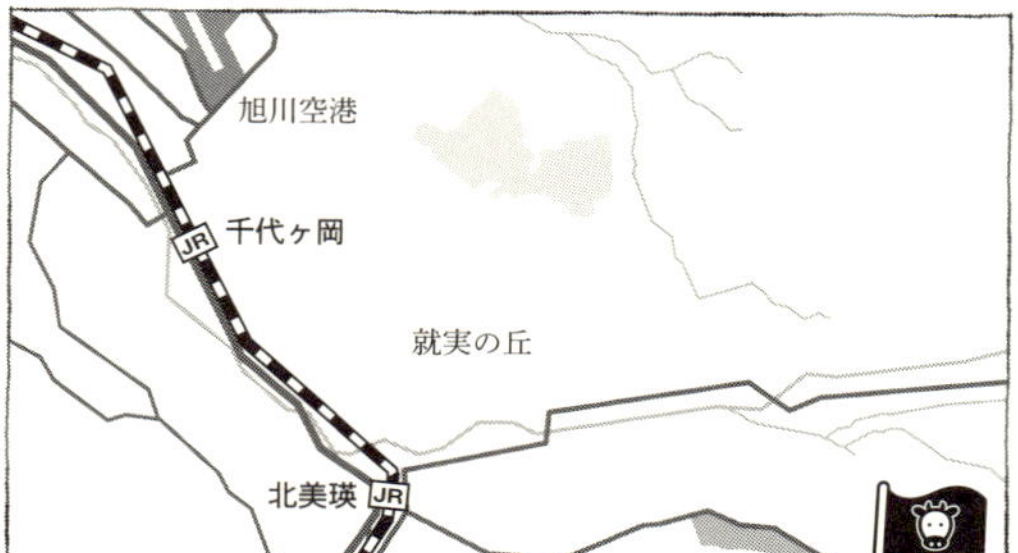

所在地：北海道美瑛町
飼養頭数：500頭のうち、搾乳牛240頭（2024年）
草地面積：100ヘクタール
労働力：8名（家族4名＋4名）
年間生乳生産量：2870トン（2023年）
年間売上高：3億7,800万円（2023年）

が、今の酪農を作ってきたと言っても過言ではありません。

「牛の能力を最大限に引き出すこと」。それが酪農家の大きな喜びの一つです。その他の答えとしては「家族で働くことができること」を挙げる人もいます。酪農だけに限りませんが、家族で農業を経営することには大変なこともたくさんありますが、その苦労も家族で協力して乗り越える、一緒に収穫を喜ぶ、多くの時間をともに過ごすことができるなど、他には代えがたい魅力があります。

今回訪問したベイリッチランドファームは、ホルスタインという牛を愛し、家族で酪農に取り組む牧場です。

【話を聞いた人】写真一番左は、浦薫さん。1975 年生まれ。カナダの牧場で 1 年の実習後、1996 年に酪農家の父から牧場の経営を引き継ぎ、ベイリッチランドファーム 4 代目代表となる。写真左から二番目は、浦十夢さん。2000 年生まれ。薫さんの次男。酪農学園大学を卒業後、2023 年 4 月から家業であるベイリッチランドファームにて働く

フリーストール牛舎で、乳牛の良さを最大限に引き出す

――まずは、牧場の概要について教えてください。

浦薫（以下、薫）この牧場は私の父親が開きました。私自身、酪農を営む父親の背中を見て育ち、32歳のときに父親から経営のバトンを引き継ぎました。今は、息子たち、そして数名の外国人技能実習生と従業員とともに日々、牛の世話をしながら牛乳を搾っています。

2024年現在、牧場で飼っている牛の数は500頭。このうち、牛乳を搾る母牛が240頭、その他に母牛から生まれた仔牛が260頭います。

まずは実際に飼われている牛の様子を見ていただきましょう。

私たちの牧場にはいくつか異なるタイプの牛舎がありますが、中でも最先端の牛舎にご案内します。どうぞこちらへ。

（牛舎へ移動する）

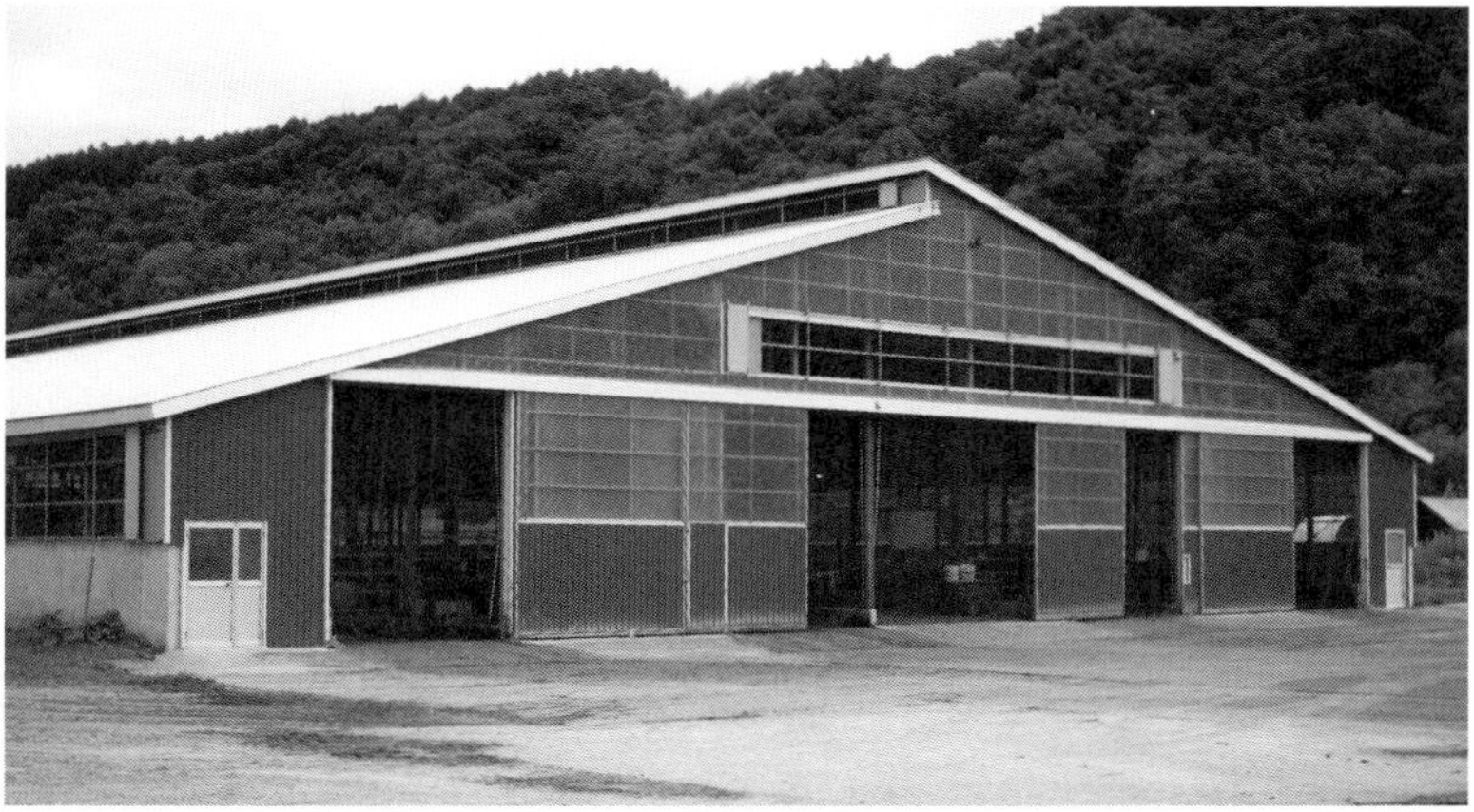

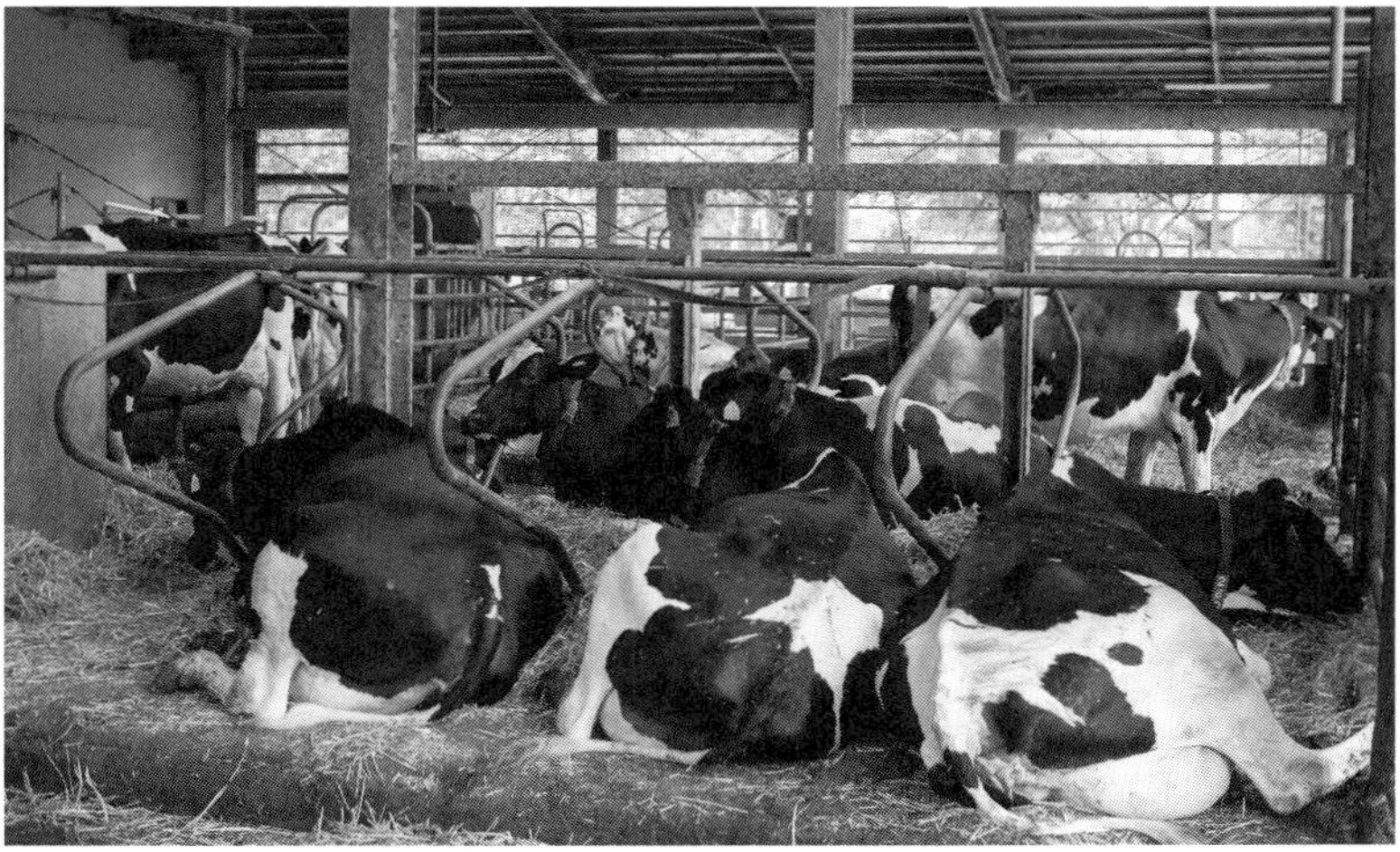

（上）牛舎の外観。広い！
（下）わらの敷料を敷いた牛舎内でくつろぐ牛たち

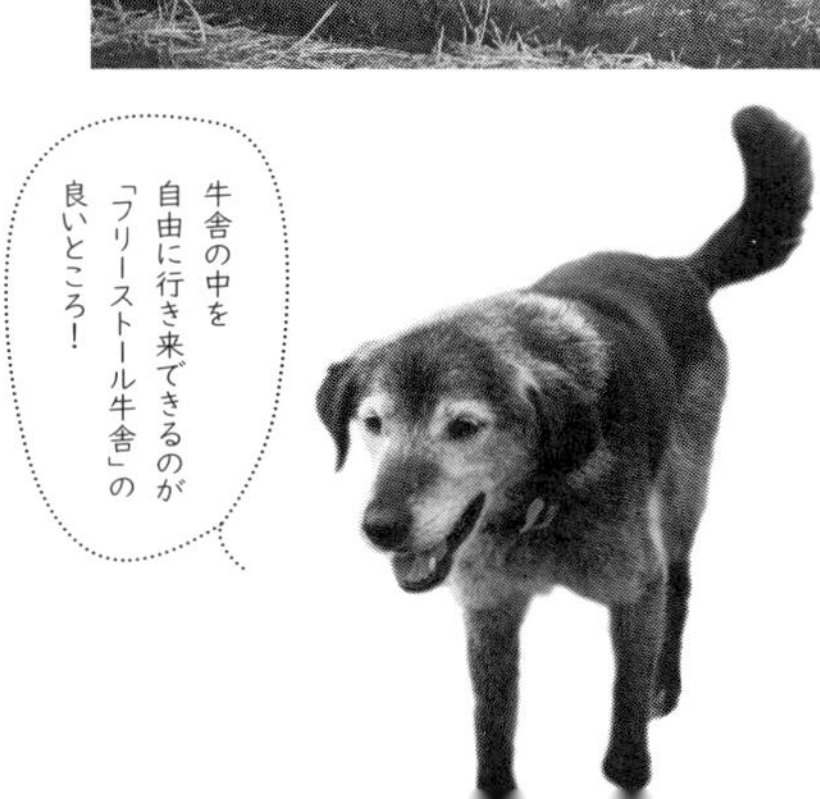

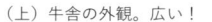

――おー、広い牛舎ですね！

薫　これは「フリーストール」と呼ばれるタイプの牛舎です。牛舎には、他に「繋ぎ飼い」と呼ばれるものがあり、「繋ぎ飼い」では「ベッド（牛床）」と呼ばれる寝床から牛が自由に動くことはできません。ですが、見てわかるようにこの牛舎は違います。牛たちはベッドに固定されておらず、牛舎の中を自由に行き来することができます。こうして牛が牛舎の中を自由に移動できるようにするのが、フリーストールの特徴です。ちなみに、この牛舎では126頭の牛に対して、136のベッドが設けられています。

――フリーストールの牛舎でも牛たちは自由に行動することができますが、「大自然の中で放し飼いにする『放牧』をした方が牛も喜ぶのでは？」というイメージを持っている人も多いと思います。浦さんが牛舎で牛を飼うことを選ばれたのは、なぜですか？

薫　たしかに、酪農家の中には放牧で牛を飼っていらっしゃる方も多いですが、どんな方法で牛を飼うかを選ぶときには、その酪農家が一体、何を目標として酪農をしているのかが大切になります。

私たちが酪農家として大切にしているのは、それぞれの牛が乳牛として持つポテンシャルを最大限に活かすことです。
牛は私たちに食料を恵んでくれる存在ですから、人間から見ればたくさんの乳を出してくれる牛が「優れた牛」ということになります。私たちは、より多くの牛がたくさん乳を出してくれる優秀な牛になって欲しいと思っていて、牛を飼う環境もその目標から逆算して考えています。

──どうやって牛を飼うのかによって、搾れる乳量はそんなに変わるんでしょうか？

薫 同じ牛でも、飼い方によって乳量が2倍以上変わることもありますよ。中でも乳量を左右するのが、エサです。牛は栄養価の高いエサを食べれば食べるほど、乳の量は増える特徴があります。そのため、なるべく牛たちに多くの乳を出してもらいたいのであれば、牛舎の中でトウモロコシなどのエサを常に与えた方が良いということになります。一方、放牧をすると、牛たちは季節によって栄養価が変わる牧草を中心に食べて生活することになるので、どうしても乳量は少なくなってしまいます。

──なるほど。エサの他に、牛の乳量を増やすための工夫にはどのようなものがあるのでしょうか？

薫 まず大切なのは、牛が感じるストレスをなるべく減らしてあげることです。人間からすると、放牧されている牛はとても快適に見えるかもしれませんが、私たちが夏場の炎天下で外にいると暑くて不快に感じるように、牛も炎天下のもとにいればストレスを感じます。さすがに牛舎の中に冷房はついていませんが、この牛舎では屋根に断熱材が入っていて、なるべく牛舎内の気温が上がらないように気をつけています。

ロボット搾乳機を使うことで、牛のストレス軽減にも

薫　牛の乳量を高めるための最大の仕掛けは、実はもう一つあります。牛舎の奥で牛たちが〝行列〟を作っているのが見えますか？

ロボット搾乳機で乳を搾る。レーザーで乳頭を探し、搾乳機を乳頭にはめて搾乳するまで、すべて全自動

薫さん「この機械の正体はロボット搾乳機です」

――見えます、見えます。赤い機械の前で牛たちが何かを待っていますね。

薫　そう。あの「赤い機械」がたくさん乳を搾るための秘密なんです。機械が良く見える場所へ移動してみましょうか。

――わあ！　これですか！

薫　この機械の正体は「ロボット搾乳機」です。つまり、人間が面倒を見なくても、自動で牛から乳を搾ってくれるマシンというわけです。先ほど見えた行列をしている牛は、このロボット搾乳機に入る順番待ちをしていたんです。

ちょうど、牛が1頭入ってきました。よく見ていてください。まず、牛が入ってくるとブラッシングをして、搾乳機を乳頭*にはめるために、

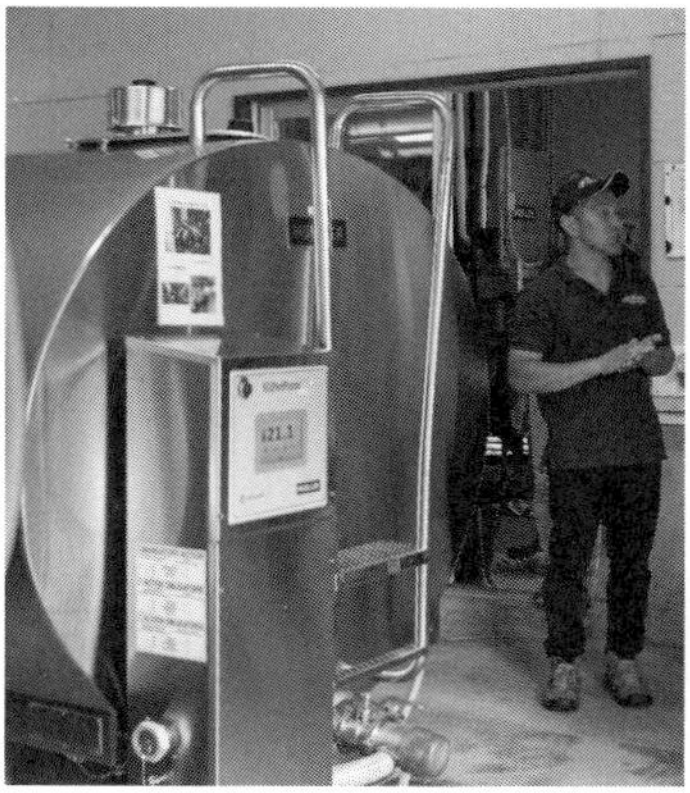

搾乳した生乳は、集乳車が来るまでの間は、このバルククーラーで冷却しながら保存

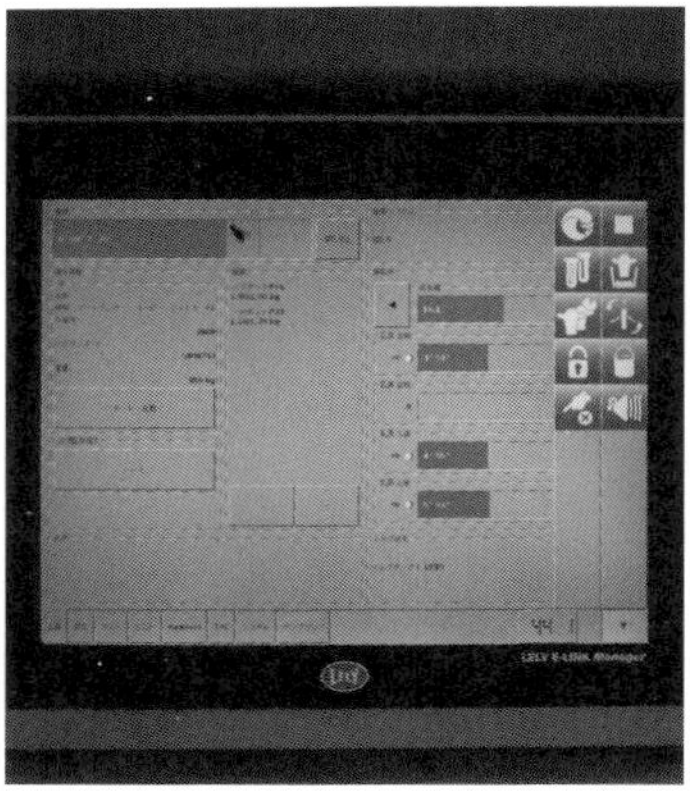

搾乳機のディスプレイに、搾乳中の牛のデータが表示される

レーザーが乳頭を探します。

乳頭に搾乳機がはまると自動的に搾乳が始まります。搾った乳はホースを伝って、タンクに溜まっていきます。この乳を搾られている間、牛は配合飼料のエサを食べています。また、どの牛が搾乳機に入ったかどうかは、それぞれの牛についているICチップを読み取って判断しています。なので、人間が見ていなくても、どの牛からどれくらいの乳を搾ったのかは機械のデータを見ればすぐにわかります。

＊乳頭…乳が出る体の部位。人間は2つだが、牛には4つの乳頭がある。

——ロボット搾乳機、すごいシステムですね！ですが、どうしてロボットで搾乳するようになると乳量が増えるのでしょうか？

薫　一つ目の理由は、ロボットで搾乳すると、搾乳する回数が増えるからです。普通、搾乳は酪農家が朝晩の1日2回行いますが、ロボット搾乳であれば牛の好きなタイミングで乳を搾ることができるので、搾乳の回数が増えます。

もう一つの理由は、牛のストレスが減るからです。先ほど見てもらったように、牛は乳が溜まってくると、自分から搾乳機へ入ろうとします。こうすることで、牛の体に乳が溜まりすぎることがなくなるので、牛にとってはストレスが減ることに繋がります。
実際に、ロボット搾乳機を導入してから、それまで1頭あたり年間1万5000キログラムほどだった搾乳量が、年間1万3000キログラムほどにまで増えました。ロボット搾乳機を導入したことで、私たちが目標としている「牛が持っている能力を最大限に引き出す飼い方」が実現できていると実感しています。

桃　**人間が搾乳をせずにロボットに仕事を任せられるようになれば、もっとたくさんの牛を飼うことができるようになるのでしょうか。**

薫　実は、牛の頭数を増やすことができるかどうかは、搾乳以外の仕事にかかっています。それが、

薫さん「牛が持っている能力を最大限に引き出す飼い方を、いつも考えています」

次男の十夢さんから、酪農経営のやりがいや今後の夢について話を聞く

牛のふん尿の処理です。

今、この牛舎からは1カ月で264トンのふん尿が発生しています。牛はトイレで排泄をするわけではありませんので、牛舎の床にふん尿が溜まっていきます。なので、それを集める機械が定期的にフロアを掃除して、1カ所にふん尿を集めています。

この集めたふん尿は、1カ月に1度、近所の農家8軒に運んで、堆肥*として使ってもらっています。ですが、このふん尿を受け入れてくれている農家も高齢化が進んでいて、後継者がいない場合がほとんどです。そのため、これからふん尿を受け入れてくれる農家が減ってしまうと、いくらロボットで効率化が進んでも、牛の頭数を増やすことは難しいと思います。


*堆肥…作物を作る土に養分を与えるための肥料。牛だけでなく、豚や鶏などの家畜のふん尿を発酵させると、植物の成長に不可欠な栄養分を含む堆肥になる。

家族経営の良さとワークライフバランス

小林　この地域では農家の後継者が不足しているということですが、浦さん自身は息子さんが後継者として牧場を手伝ってくれていますね。後継者として、十夢さん（次男）は牧場を継ぐことを

どう感じていますか？

十夢　僕たちは三人兄弟で、兄も弟も早くから将来は酪農に関わる仕事に就くことを決めていました。なので、自分としても兄弟三人でこの牧場を継いでいきたいと考え、高校卒業後は道内の酪農学園大学へ進学しました。今年（２０２３年）の春に大学を卒業し、本格的に牧場の仕事に携わるようになっていますが、想像以上に忙しいと思う気持ちがある一方で、それに見合ったやりがいも感じています。ただ、正直なところ、父のように休みなく働き続けることは自分にはできないなとも思っています（笑）。個人的には、酪農家とはいえ、他の仕事のように週2

牛舎の床に溜まったふん尿を集める機械。定期的にフロアを掃除してふん尿を集める

日は休みが欲しいと思いますし、将来的に結婚しても家族で一緒に酪農をしたいとも考えていません。家族は家族、仕事は仕事できっちり分けたいと思っているからです。もちろん、これを実現するためには今以上に多くの人手が必要になりますが、そうした経営のことも含めて、今後勉強していきたいと思っています。

小林　**十夢さんの思いを聞いて、お父さんの薫さんはどう思われますか？**

薫　正直に言って、若い頃から私には「休日が欲しい」という感覚がありませんでした（笑）。ただ、ワークライフバランス*の考え方は時代によって変わりますし、息子が言うように、もう少し人手が確保できれば週休2日を実現することはできると思います。

一方で、家族と仕事を分けたいという点については、もう少し良く考えた方が良いのではないかと思います。私自身もそうですが、家族で一緒に仕事をしていれば話題が共有できるので、仕事で悩んだ時にも家族が貴重な話し相手になってくれます。

もちろん例外はあると思いますが、私の付き合いのある酪農家でも、家族で協力しながら仕事をすることで、うまく牧場を経営している例はたくさんあります。

動物を相手にしている酪農業は、常にトラブルと隣り合わせの仕事です。ですから、困った時に頼りにできる家族で一緒に仕事をする。これが酪農家の基本だと私は考えています。

＊ワークライフバランス…ワーク（仕事）とライフ（プライベートな生活）のバランスがとれた状態のこと。仕事とプライベートのバランスがとれた状態を実現することで仕事の効率性が高まるため、近年注目されている。

Interview

実践編
❷

石田牧場

枝幸の風景をつくり、牛が快適に過ごせる「放牧酪農」を実践

「風景をつくる」。農業が持っている重要な役割の一つです。風景とは、一面では人間と自然との間の営みが、結果として作り出しているものです。酪農では、人は牛を介して自然と繫がっています。酪農は、土と草と牛との間の物質の循環を基本として、そこから生み出される乳や肉という生産物を人間が分けてもらって、生活の糧とする人間の暮らし・仕事です。

「自然の循環の中に自分の暮らしを位置づけて、そこで人生を送りたい」。そうした想いか

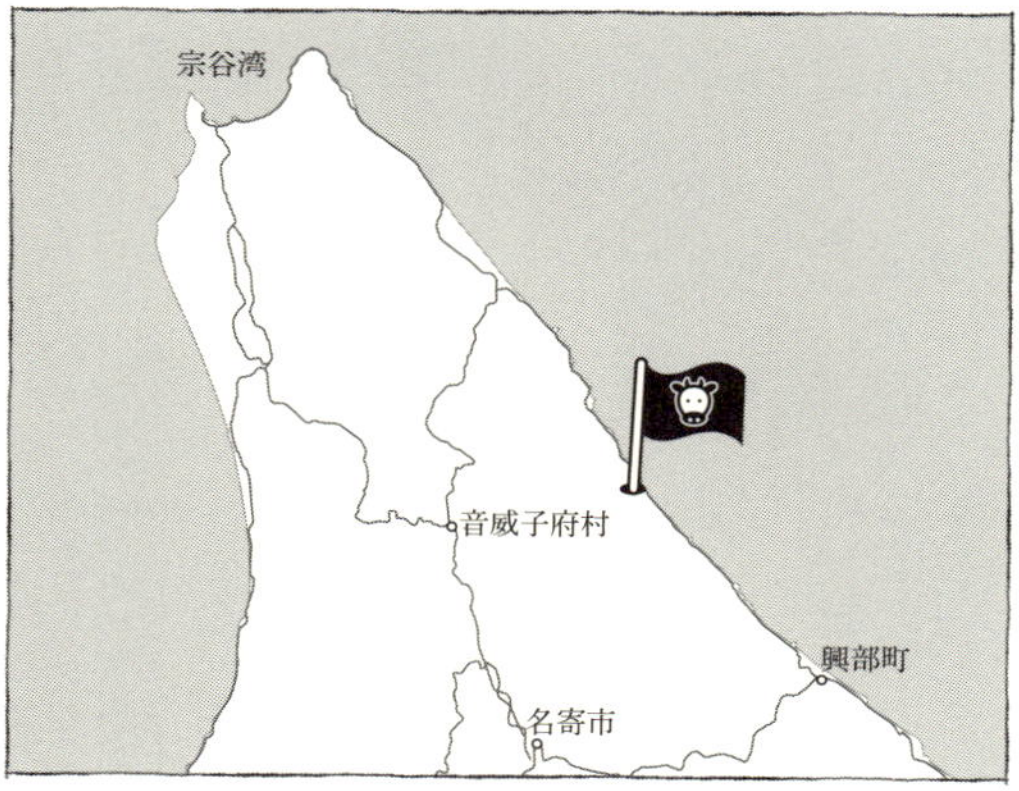

所在地：北海道枝幸町
飼養頭数（搾乳牛）：46頭（2024年）
草地面積：75ヘクタール
労働力：4名（すべて家族）
年間生乳生産量：244トン（2023年）
年間売上高：3,750万円（2023年）

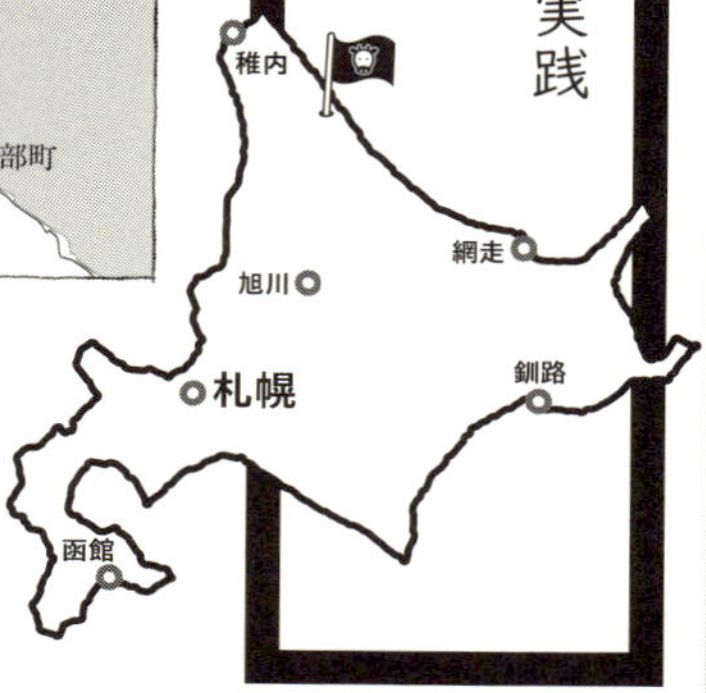

ら酪農を始める人たちがいます。そうした人たちにとって、一つの理想とも言える牧場が、枝幸町にある石田牧場です。土と草と牛との関係性は科学ではまだまだわからないことが沢山ありますが、その中でもチャレンジを続けてきました。自然の循環のサイクルを牧場の中で実現すべく、外部からの資材（化学肥料や購入飼料）の投入を極力減らした石田牧場は、最初まわりからは「こういうやり方をしていると、必ず収奪が続いて、土も牛もボロボロになってしまいますよ」と言われました。ですが１９９５年の入植から28年目の２０２３年、経営は2世代目に受け継がれています。

【話を聞いた人】写真左が石田晃介さん：1993 年、北海道枝幸町生まれ。石田幸也さんの長男。札幌市内の高校を卒業後、2014 年から家業に入り、2023 年 1 月から石田牧場 2 代目として経営を受け継ぐ。晃介さんの隣は、奥さんの遊さん
石田幸也さん：1965 年、東京都生まれ。1995 年に枝幸町で新規就農し、石田牧場を立ち上げた、「放牧酪農」の先駆者。2023 年に息子の晃介さんに経営を委譲する

「酪農ヘルパー」を経て新規就農へ

――まずはこの石田牧場を設立した石田幸也さんに、牧場の概要についてお話をうかがいます。

石田幸也（以下、幸也）牛は母牛が46頭、仔牛が11頭います。そして、牛を放牧したり、牧草を刈ったりする草地が合計で75ヘクタールあります。うちの牧場は家族で経営していますので、基本的に働いているのも家族だけです。ついこの前までは私が牧場主でしたが、今は息子が牧場主になっているので息子夫婦が中心となって働き、一部の仕事は私と妻も手伝っています。

――幸也さんは東京都のご出身とのことですが、なぜこの場所で酪農を始めることにされたのでしょうか？

幸也 枝幸町で酪農を始めることになった一番大きなきっかけは、枝幸町のあるこの地域で酪農ヘルパーとして働いていたことでした。

――「酪農ヘルパー」ですか。都会で生活していると、あまり聞きなれない仕事です。

幸也 そうですよね。酪農ヘルパーとは、酪農家が休みをとる時に、酪農家に代わって牛の世話などをする仕事です。一般的な会社に勤めるサラリーマンであれば、週に2日といったように、決まった日に休みがありますが、牛という生き物を相手にしている酪農家はそう簡単に休むことはできません。人間が休みたいと思っても、牛から乳は出るし、エサもあげなくてはいけませんから。

ただ、それでは酪農家が３６５日働き続けることになってしまいます。酪農家にも家族がいて、たまには子どもたちと旅行に行きたい時もあります。そんな時に活躍するのが、酪農ヘルパーです。休みをとりたい酪農家に利用料金を支払ってもらい、酪農家が休んでいる間に、酪農ヘルパーが搾乳、エサやり、牛舎の掃除などをします。ですから、酪農ヘルパーは酪農家にとってはとても重要な仕事なんです。

就農の時に、放牧ができる牧草地があることを重視していたという、幸也さん。「循環農業をやってみたいと思っていたからです」

――たしかに、酪農ヘルパーのような仕事がないと、酪農家さんは旅行に行くこともできないですね。それで、幸也さんは枝幸町で酪農ヘルパーとして働かれていて、その後にご自身で就農されることになったのですね。

幸也　ヘルパーの仕事を始めた時から、将来的には自分で牧場を持つつもりでした。そしてある年、枝幸町で多くの酪農家が一気に離農することになってしまったため、農協から「石田くん、ぜひ枝幸で就農してくれ」と声をかけてもらい、この町で酪農を始めることになりました。

そのときはたくさんの酪農家が離農したので、空きになる牧場もたくさんあったのですが、私が考える「理想の牧場」の条件を満たしたところは一つだけでした。その条件というのはいくつかあったのですが、中でも重視していたのが、放牧ができる牧草地があることでした。

循環型農業の理想形としての「放牧酪農」

――「放牧酪農」に強い思い入れを持たれていたのですね。それは一体なぜなのでしょう?

幸也　「循環型農業をやってみたい」と思っていたからです。循環型農業というのは、自然が生み出す物質を循環させて行う農業を指します。

日本では、工場で作られた化学肥料などを土に与え、野菜や米などを育てることが一般的です。実は、酪農もこれと同じで、牧草を育てる時には化学肥料を使うことが普通です。

――えっ！　牧草にも肥料をあげているんですね。草は勝手に生えてくるものだと思ってました。

幸也　そう思っている人は多いかもしれませんね。ただ、酪農の場合、化学肥料を与えなくても牧草に栄養分をあげることはできます。牛を放牧させて、栄養分をたっぷりと含んだふん尿を土に与えればいいのです。牛を土の上で飼い、牛のふん尿が土に行き渡り、その栄養分によって豊かな牧草が生える。そして、それを牛が食べることで牛乳や乳製品が生まれる。このように、自然の循環の中で食べ物を生産することこそが循環型農業で、これをするためには放牧酪農が一番いい。私が放牧酪農に強い思い入れがあるのはこれが理由です。

日本一周して「農家が風景を守っている」ことに気づく

――次に息子の晃介さんにもお話をうかがいます。晃介さんは２０２３年１月に牧場の経営をお父さまから引き継がれたそうですね。晃介さんにとって、酪農は小さな頃から身近な存在だった

と思いますが、昔から酪農に関心を持たれていたんですか？

石田晃介（以下、晃介）いえ、実は最初は牧場を継ぐつもりはありませんでした。枝幸町は人口が1万人にも満たない小さな町で、特に私たちの牧場がある地域は、辺りを見回しても他の家が見えないような場所です。そういうところで育ったということもあって、子どもの頃は都会での生活に憧れがあり、中学卒業後は札幌の高校へ進学しました。

ただ、札幌の高校へ通うようになってから「実は酪農って良い仕事なのかも」と思うようになりました。牧場で生まれ育った自分は親の仕事姿をいつも間近で見ながら育ってきたけれど、一般のサラリーマン家庭で育った高校の友だちたちは「自分の親がどんな仕事をしているのかは良く知らない」と言うんです。自分の家族が毎日何をしているかを知っているなんて当たり前だと思っていたのですが、実はそれも父が酪農家であるからこその環境だったのだなと実感しました。

――酪農から離れたことで、改めて酪農の良さを実感したのですね。

晃介　でも、この時はまだ酪農家になる決心はついていなくて「日本のどこかには、枝幸よりも、もっと自分にとって心地よい場所があるんじゃないか」と思っていました。そこで、20歳の誕生日から1年かけて47都道府県を自転車でめぐる旅に出たんです。北海道から東北地方にわたり、自転車で各地をまわる中で心打たれたのは、都会の景色ではなく、枝幸と同じような農村の風景でした。日本にはこんなにも美しい田園風景があって、農家の人たちがいるからこそ、その風景は守られているということに気がついたのです。そして、故郷である枝幸の風景を守ることにこそ、自分が枝幸で生まれ育った意味があるんじゃないかと思うようになり、父の後を継いで酪農家として生きていこうと決心しました。日本一周の旅から戻ってきてしばらくは一人で父の仕事を手伝っていたのですが、２０２０年に研修で牧場へ来た妻と出会い、そのまま結婚。２０２３年1月からは自分と妻が中心となって牧場を経営しています。

――奥さんと2人だけで50頭以上の牛の面倒を見ることは大変ではありませんか？

晃介　そんなことありませんよ。私たちの1日のスケジュールをお話しすると、夏だったらまず朝は5時30分に起きます。たしかに、これはちょっと早いと思われるかもしれませんね（笑）。ただ、牛は朝のうちに搾乳してやらないといけないので、どうしても朝は早くなってしまいます。うちの牧場は夜も牛を放牧していますので、搾乳をするためには牛たちに牛舎へ戻ってきてもらわないといけません。そこで、まずは牛舎の「餌槽《しそう》」と呼ばれるエサ場に乾草を補充します。そうすると、乾草を食べたい牛たちが自分から牛舎へ戻ってきてくれます。

放牧されている草地には山ほど草が生えているのですが、牛にとって牧草と乾草はまったく別の食べ物です。いわば、人間にとってのステーキとサラダのようなもので、「サラダはもう要らないけど、ステーキなら食べたい」と私たちが思うように、いくら牧草を食べていても牛たちは乾草を食べたいと思うものなんです。

——人間が牛を迎えに行かなくても、勝手に戻ってくるものなのですね。

晃介　牛が戻ってきたら、いよいよ搾乳です。46頭の母

晃介さん「農家の人たちがいるからこそ、その風景は守られているということに気がついたんです」

牛のうち8頭は乾乳期*という搾乳を休ませる期間にある牛なので、搾乳するのは38頭です。たくさんいて大変と思われるかもしれませんが、機械を使って妻と2人でやれば1時間ほどで搾乳は終わります。

搾乳の後は牛を草地に戻し、牛舎の掃除をします。普通は8時30分頃までにこの仕事が終わり、そこからの日中は基本的に自由時間です。

そして、夕方16時頃になったら、もう一度、朝と同じ流れで搾乳をして1日の仕事は終了です。もちろん、日中に他の仕事をやるときもありますが、基本的な1日の流れはこんな感じです。

***乾乳期**…搾乳を始めて280日～300日経った段階で搾乳を止め、次の分娩に備えて60～90日間休ませる期間。

酪農に正解はない。だから「枝幸らしい酪農」を追求する

小林　お父さんの幸也さんは、循環型農業を目指して酪農の中でも「放牧酪農」を選ばれたとのことでした。晃介さんも放牧酪農に取り組まれていますが、晃介さんにとって、放牧酪農をするこ

とにはどのような意味があると考えていますか？

晃介 「なぜ牧場を継いだのか」という理由にも繋がりますが、自分は枝幸の風景を守るために酪農をやっています。そして、自分の中では「枝幸らしい酪農」といえば、やっぱり放牧酪農なんです。

枝幸町をはじめ、オホーツク海沿岸の地域は夏でも気温があまり上がらないため、農作物といえば牧草くらいしか育ちません。野菜や米と違って、牧草は人間がそのまま食べることはできませんよね。ただ、これを牛に食べさせれば、牛乳や乳製品という食料に生まれ変わります。ですから、牧草の上で牛を飼う酪農は、この地域で自然から食料を生み出すための唯一の手段なのです。だからこそ「枝幸らしい酪農」とは、牧草を最大限利用する放牧だと考えています。

小林 **晃介さんにとっては「故郷の風景を守ること」が最も重要なのですね。**

晃介 牛を飼う方法には色々な選択肢があり、どれが最も良いのかは「なぜ酪農をするのか」という、それぞれの酪農家の価値観によって変わってきます。

たとえば、「なるべくたくさん牛乳を生産したい」と考える酪農家には、放牧は向いていないでしょう。石田牧場では牧草以外のエサはほとんど与えていないので、トウモロコシなどを食べている牛に比べれば、1頭あたりの乳量は半分ほどです。でも、だからといって「放牧だとお金を稼ぐことができない」というわけではありません。エサは自然に生える草しか与えていないので、エサ代がほとんどかかりません。そのため、乳量が少なく収入は多くないですが、コストもかかっていないので、結果的に利益は多く残ります。今、トウモロコシなどの輸入しているエサの価格がどんどん上がり、多くの酪農家の経営が厳しくなっていますが、私たちの牧場はエサを買っていないので、ほとんど影響を受けていません。

桃　**牛にとっても放牧されている方がストレスなく生活できて、幸せなように見えます。**

晃介　いや、おそらく牛からすると、うちの牧場のスタイ

桃さん「放牧の方が牛にストレスがなくて幸せなのですか」
晃介さん「いや、うちの牧場のスタイルはかなり過酷だと思いますよ（笑）」

ルはかなり過酷だと思いますよ（笑）。うちの牧場では、どんなに暑くても、11月に雪が降り始めるまでは必ず牛を外に出します。暑いからといって牛を外に出さないと、牛たちも「暑いときは牛舎にいれば良いんだ」と思ってしまいます。でも、うちの牧場のポリシーは牧草の価値を最大限活かすことにあるので、牛たちには草地でしっかり草を食べてもらわないといけません。なので、牛にとっては多少つらい時であっても、牛は必ず外に出します。

桃　**牛の幸せを考えると、放牧が良いものとは限らないということですか？**

晃介　いい質問ですね。これはとても大切なことで、酪農の世界には「これが良い酪農」という正解はないんです。酪農家にはそれぞれ「なぜ酪農をするのか」という価値観があって、それによって望ましい酪農の姿は変わってきます。私たちのように枝幸の風景を守ることを大切にしている酪農家もいれば、なるべくたくさんの乳を搾ることを大切にしている酪農家もいます。このうち、どれが正解ということはなくて、酪農家はどうやって牛を飼うのかを自由に決めることができます。放牧してもいいし、牛舎の中で飼ってもいい。あとは、その飼い方の中で最大限、牛が快適に過ごせるように工夫してあげればいいんです。

小林　「酪農に正解はない」ですか。ということは、桃さんをはじめ、これから酪農家を志す人も、何を大切にして酪農をするかを良く考えてから、どんな酪農をするかを考えなくてはいけませんね。

晃介　そうだと思います。ただし、酪農のスタイルは、どんな場所で就農するかによって大きく制約されることは頭に入れておかなければいけません。たとえば、いくら放牧をやりたいと思って北海道で酪農を始めても、牛舎と草地の間に交通量の多い道が通っていたら自由に放牧はできません。放牧利用できる草地をしっかりと確保することが重要です。なので、どんな酪農をしたいのか決まったら、まずはそれが可能な場所や牛舎を探すことが大切だと思います。

Interview

実践編

❸

ノースプレインファーム

「牛1頭で成り立つ酪農」を目指し、加工まで一環して行う

酪農という言葉を、辞書の『広辞苑』で調べると、「（〝酪〟は乳製品の意）乳牛などを飼育し、乳をしぼったり、それを加工してバター・チーズなどを作ったりする農業」とあります。つまり、「酪農とは本来、生乳を生産するだけではなく、それを加工するところまで一体となったものなのだ」。これはノースプレインファーム代表取締役社長の大黒宏さんから聞いた話です。

　酪農の発展というのは、一面では、専業化の道でした。これはどの産業でも同じかもしれま

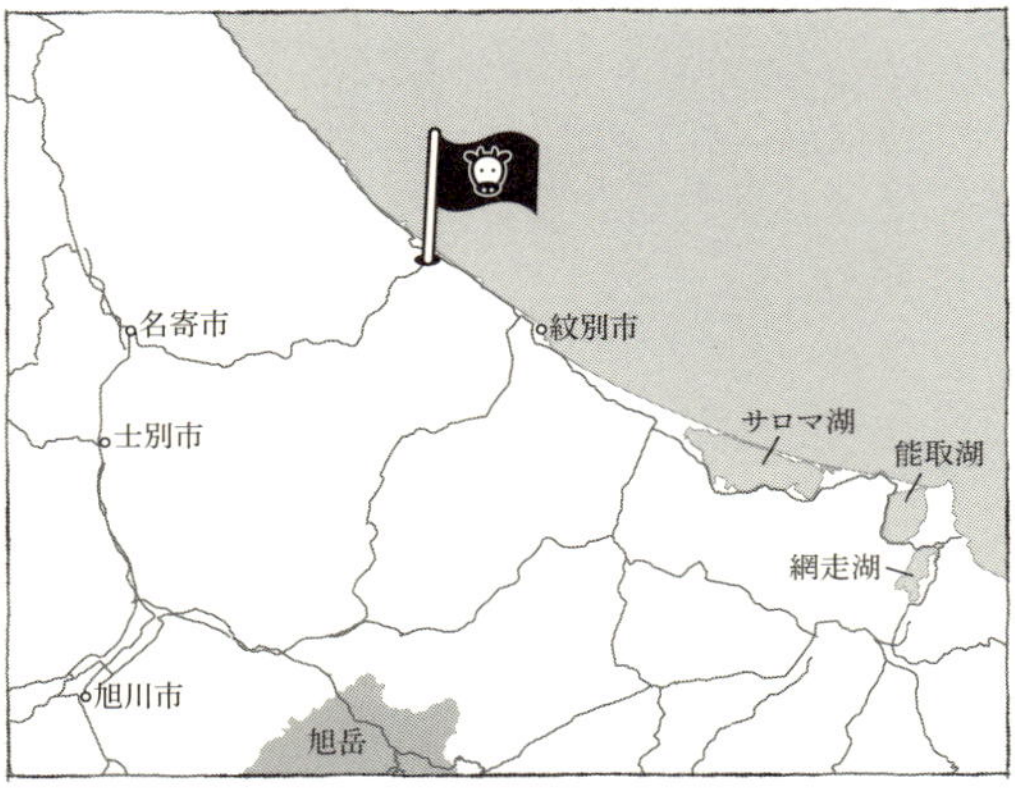

所在地：北海道興部町
飼養頭数（搾乳牛）：約50頭（2024年）
草地面積：120ヘクタール
労働力：約40名
年間生乳生産量：約260トン（2023年）
年間売上高：4億8,000万円（2023年）

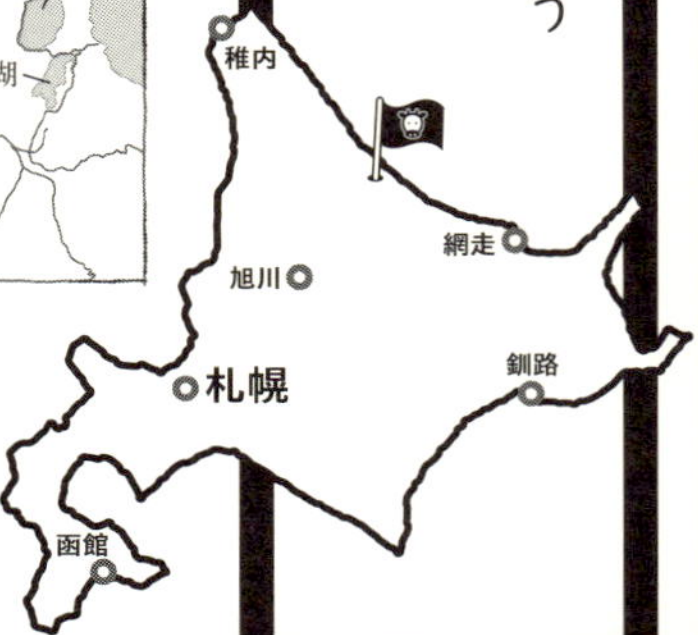

せん。ものを作るためにはさまざまな工程がありますが、その工程を分解し、専門化させ、分業化することで、それぞれの効率が高まり、全体の生産量が上がる。これは農業にも適用されています。分業による効率化の一方で、それは「ものが作られている現場と消費の場面が分断されてしまう」ことにも繋がります。効率化を進めるということは、それだけ人がいらなくなるということです。

人がいないから効率化を進めるのか。効率化を進めるから、人がいらなくなるのか。非効率と見えることに取り組むことでそこに多くの人の仕事が生まれる。人が地域にいることで、人びとの交流が生まれ、そこに文化も生まれていく。こうしたことを考えて、本来の意味（生乳生産から加工まで含めた意味）での酪農に取り組んでいる牧場があります。それがノースプレインファームです。

【話を聞いた人】写真左が、大黒宏さん：1956 年、北海道興部町生まれ。酪農学園大学を卒業後、家業であった大黒牧場を継ぐ。1988 年にノースプレインファーム株式会社を設立し、現在まで同社代表取締役

海外の酪農を学んで知った
日本との決定的な違い

――さきほど、ノースプレインファームで運営されているレストラン「ミルクホール」にもおじゃましましたが、チーズからソフトクリームまで自家製の乳製品の数々はどれも大変美味しかったです！　ノースプレインファームの牛乳や乳製品は、全国各地にファンが多いともうかがっています。まずは牧場が現在のような姿になられた経緯を教えてください。

大黒宏（以下、大黒）もともと、この牧場は大黒牧場といって、１９０２年からこの興部《おこっぺ》の地で酪農を営んでいます。酪農家の家に生まれた私自身も、高校卒業後は酪農家を継ぐために江別市の酪農学園大学に進学しました。

当時、日本の酪農業では、海外から輸入される安い乳製品との競争の中でどう生き残るか、が大きな問題となっていました。そして、競争の中で生き残るためには「海外と同じように牛の頭数を増やして牧場の規模を大きくするしかない」と考えられていました。当時は私もそう考えて、大学を卒業した後に海外の酪農を勉強するために、半年間、オーストラリアやニュージーランドの牧場をまわりました。

――大きな酪農をやっている海外のお手本を見学されたわけですね。

大黒 ですが、海外をまわって突きつけられたのは「日本で規模を大きくしても、海外に勝てるはずがない」という残酷な現実でした。山が多い日本では農業に適した土地がそもそも少ないですし、何より、オーストラリアやニュージーランドの酪農地帯では雪が降らないのです。北海道は雪深い地域ですから、冬の間に牛が過ごすための大きな牛舎を作らなくてはいけないけれど、雪が降らないのであれば大きな牛舎も必要ない。

――牛舎を作らなくていいなら、牛を飼うのにかかるお金も安くすみますね。

大黒 そう。だから、この現実を目の当たりにした時には、酪農を諦めるか、負け戦になるとわかっていながら酪農をするしかないのか、と落ち込んだものです。

ただ、そんな時、大学時代に聞いた友人の言葉をふと思い出しました。数人の仲間で話をしていたとき、ある友人が「酪農家が牛1頭だけを飼って生活できる方法はないのかな」と言ったんです。普通、酪農家というのは、最低でも数十頭の牛を飼って乳を搾っています。だから、1頭の牛から搾った乳だけで家族で生活するための収入を得るというのは、常識的に考えれば不可能です。でも規模拡大しても意味がない以上、なるべく少ない牛から最大限の利益を得る方法を考えることはとても大切だと思ったのです。

牛1頭で家族が食べていける酪農って？

――「牛1頭で成り立つ酪農」ですか。牛の数が少ないと乳の量も少なくなってしまうので、普通に牛乳を売っているだけでは、やはり不可能なのでは、と思ってしまいます。

大黒 そこで必要になるのが、同じ牛乳でも高く売れるように工夫をすることです。少し難しい言い方をすると「牛乳に付加価値をつける」ということですね。他の酪農家と同じように搾った乳を農協に出荷するだけでは、牛1頭で成り立つ酪農はとても実現できません。ですから、当時の私はまず自分のところで乳を加工して牛乳を作ろうと考えました。

――「牛乳を作る」ですか？　酪農家は牛から乳を搾ることが仕事ではないのですか？

大黒 みなさんがふだん口にしている牛乳は、牛から搾った乳を加熱処理したものなんですよ。牛から搾ったままの乳は「生乳」と言って、これにはたくさんの細菌などが含まれています。ですから、生乳をそのまま販売することは原則として法律で禁止されています。* 生乳を安全な形で飲めるようにするためには、加熱処理などをすることが必要です。つまり、牛から搾った生乳は、加熱処理などをして初めて「牛乳」になるのです。

普通、この牛乳を作るための作業を酪農家が自分ですることはありません。多くの場合、酪農家が搾った生乳は大きな工場などに集められて、そこでまとめて処理されます。でも、牛乳の価値を高めるためには、自分で牛乳にするための処理をして「大黒牧場の牛乳がよその牛乳とは違うこと」をお客様に伝える必要があると考えたのです。

＊特別牛乳…厳しい国の基準を満たして、「特別牛乳さく取処理業」の許可を得た酪農家（全国に数カ所しかない）が販売できる牛乳のことで、例外的に、熱殺菌処理をしなくても飲用として販売することができる。

――酪農家が乳を搾っても、それを酪農家がそのまま売れる訳ではないのですよね。

大黒　そうなんです。だから、酪農が盛んな興部でも「興部産の牛乳」

興部の人たちが
興部の牛乳を飲めない
なんて、おかしい。
だから1988年に免許を得て、
牛乳の販売をスタート
させました

を飲むことは難しかったのです。なぜなら、興部の酪農家が搾った生乳は大きな乳業メーカーの工場で、他の地域で搾った生乳と一緒に処理されて商品になるから。でも、興部の人たちが興部の牛乳を飲めないなんて、おかしい。そして、私たち自身で牛乳にするための処理ができるようになれば、興部の人に興部の牛乳を飲んでもらえる。こうした思いもあって、牧場の経営を父から継いだ私は生乳の処理を始めることを決意し、1988年に乳処理をするための免許を得て、牛乳の販売をスタートさせました。大黒牧場をノースプレインファームとして会社にしたのも同じタイミングです。

生乳にもっと付加価値を！チーズ作りを始める

――牛乳を自分たちで作れるようになり「牛1頭で成り立つ酪農」の目標には近づきましたか？

大黒 当時は酪農家自ら、生乳の処理を手がけているケースはとても少なかったので、ノースプレインファームの牛乳はテレビなどでも紹介されて、売上はどんどん伸びていきました。でも「牛1頭で成り立つ酪農」にはまだ何かが足りない。そう考えていた時、思わぬところで「こ

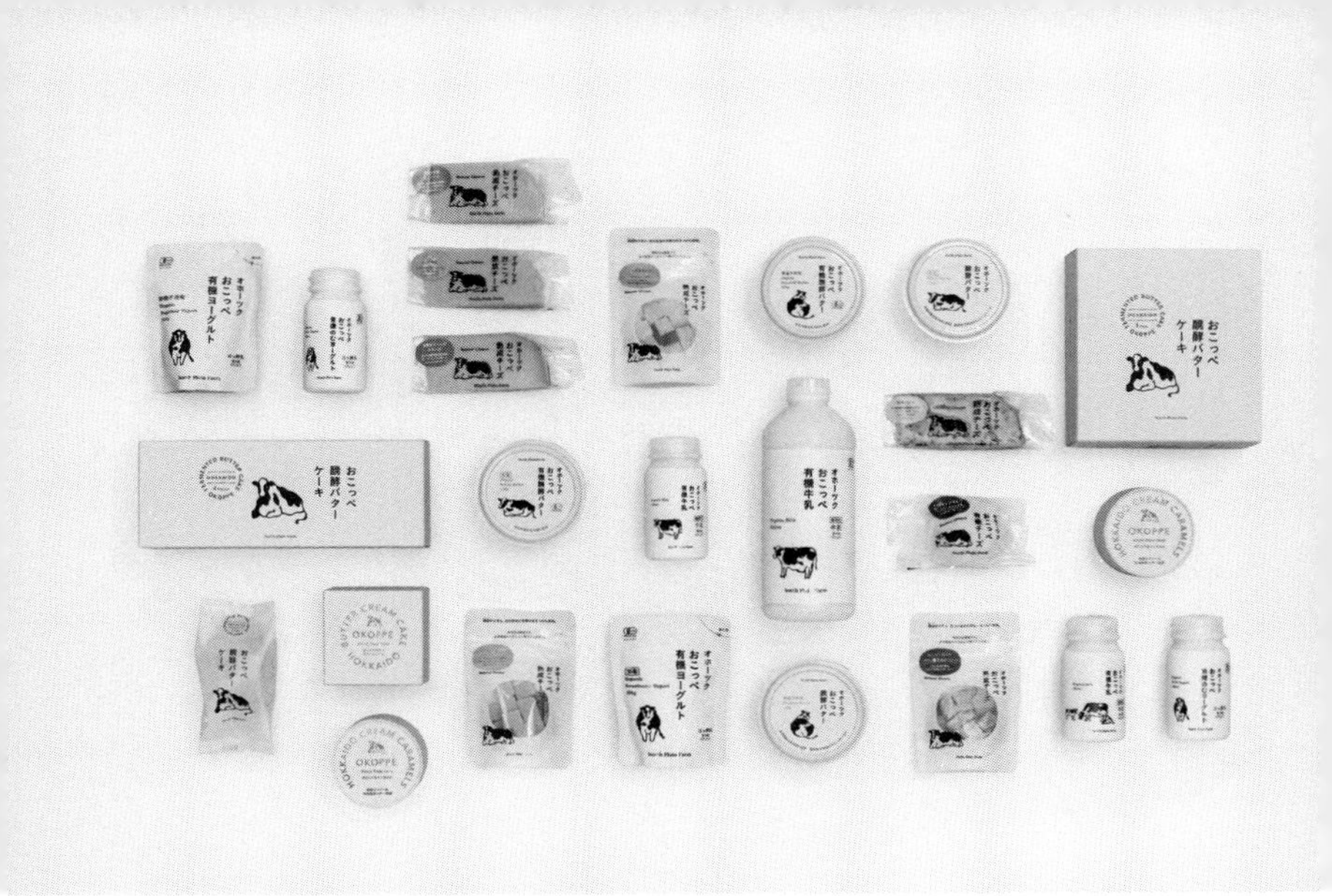

生乳の生産から牛乳・乳製品の加工製造まで、自社で一貫して行うことを大切にした商品たち（写真提供：ノースプレインファーム）

れだ！」という出会いがありました。それは、当時産まれたばかりの娘とテレビを見ていた時のこと。そのときテレビでは、アニメ「アルプスの少女ハイジ」が放送されていて、主人公ハイジの友人であるヤギ飼いのペーターが、自分で搾ったヤギのミルクをチーズにしていたんです。これを見た時に「自分たちもチーズを作れば、少ない生乳にもっと付加価値をつけることができる」とひらめきました。

その後、実際にフランスの山の中にある牧場へ見学に行きましたが、その山の中で少数の牛を飼い、搾った生乳をチーズにして売るという酪農が立派に成り立っていました。自由に山で草を食《は》む牛の姿は美しく、そこから生まれるチーズはとても美味しい。そして、この美しい放牧の景色と素晴らしいチーズを求めて、世界中から観光客が訪れるのです。これこそが「牛1頭で成り立つ酪農」の姿、そう確信しました。

小林　ただチーズを作るだけではなく、チーズの魅力を知ったお客さんが実際に牧場を訪れることで、地域全体にも良い影響を与えることができる。規模を大きくすることだけが酪農の正解ではないことが良くわかるお話です。

大黒　ハイジの世界にヒントを得たチーズの製造は1991年から始まり、その後はバターやソフトクリームなどの乳製品の製造も手がけるようになりました。事業が広がった結果、現在は40人ほどのスタッフに働いてもらっていますので、さすがに全員分のお給料を牛1頭でまかなうことはできていません（笑）。ですが、それでも牧場で飼っている搾乳牛はわずか50頭ほど。酪農家を始めた時に掲げた理想にかなり近づいていると感じています。

桃　実は私も、将来はただ牛を飼うだけではなく、自分たちで搾った生乳からチーズなども作れる牧場を作りたいと考えていました。

大黒　それは素晴らしい目標ですね。そもそも、「牛から搾った生乳から牛乳や乳製品を製造する」

ところまでが、本来の酪農の仕事です。牛が食べた牧草によって牛乳の味が変わるように、チーズをはじめとする乳製品も作られた土地によって味が大きく変わります。地域の価値や魅力をチーズなどの味を通じて、表現することができるのです。だからこそ、乳製品を作り出す酪農の仕事はとても奥深い。

そして、牛乳や乳製品を自分たちで作ることができれば、たくさんのお金をかけて多くの牛を飼えるようにしなくても、酪農をすることができる。このことを知って多くの若い人が小規模ながら魅力的な酪農をしてくれるようになれば、酪農の世界はもっと面白くなる。桃さんにもぜひ、この世界に飛び込んで欲しいと思います。

桃さん「私も、将来は自分でチーズなどを作る牧場を作りたいと考えていました」

Interview

実践編 ❹

JAけねべつ（計根別農業協同組合）

農協の原点そのままに、農家の仕事と生活をまるごとサポート

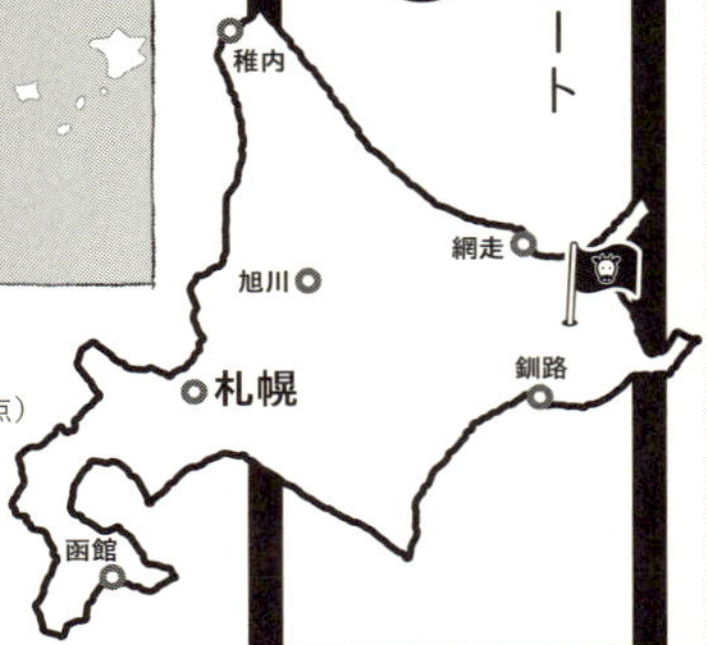

昔から、特に農村では人びとは助け合って生きてきました。農業を行うには一人ではできないことがたくさんありますし、助け合ってやることで、より大きなことができるようになります。こうした助け合いを「事業体」として行うための組織が協同組合です。そして組合員である農業者が、自分たちで必要なことを事業として実施するために作ったのが、「農業協同組合（JAという愛称で呼ばれています）」という組織です。

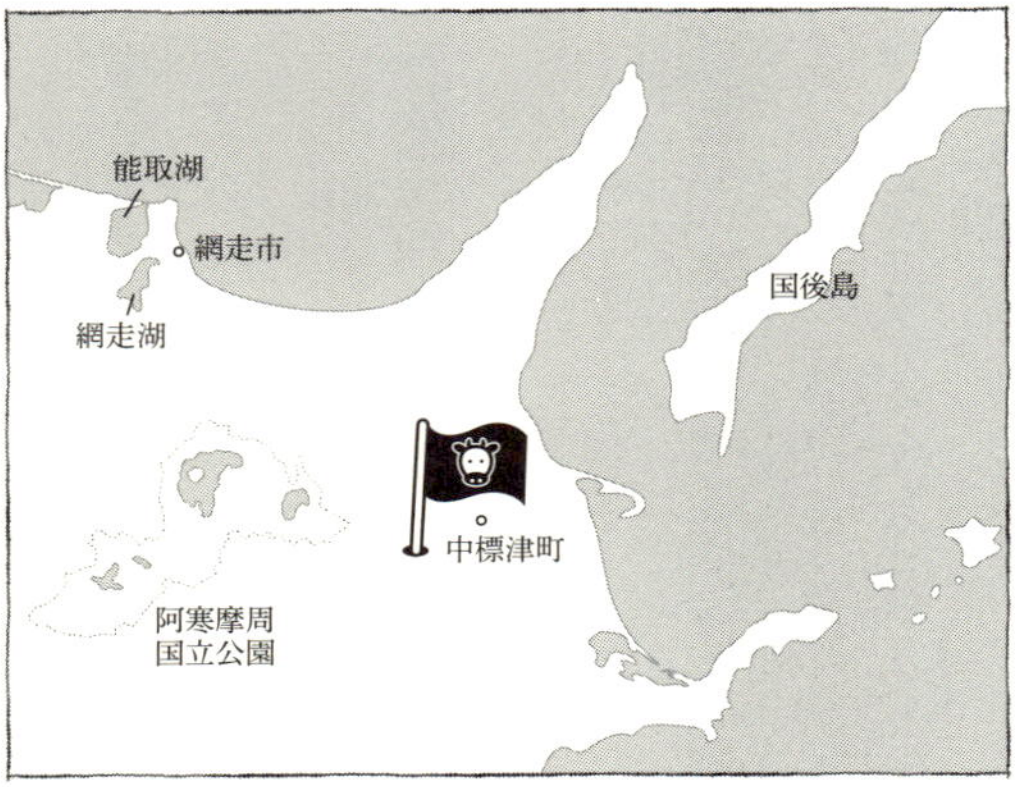

所在地（管内）：北海道中標津町・別海町
組合員数：正組合員159（内個人141、内法人18）／
准組合員298（内個人289、内法人9。2023年3月末時点）
酪農家数：126軒
年間生乳生産量：90,000トン（2023年）
年間売上高：116億5,833万円（2023年）

今はＪＡの組織が大きくなり、農業者だけではなく、地域の非農家の人たちも多く組合員になっていますが、そもそも農家とともに農業を支え、地域を支えるというのが、ＪＡの原点の姿です。

その原点の一つとも言えるのが、今回訪問した「ＪＡけねべつ」です。ふだん、街中で目にするＪＡは、金融機関や直売所を運営する組織というイメージが強いかもしれず、そうした視点から見ると、驚くようなＪＡかもしれません。でもＪＡは農業者からなる協同組合＝農業協同組合であり、農家の農業と暮らしをまるごとサポートするのが農協なのです。

【話を聞いた人】写真中央が、金野智樹さん：1965 年生まれ。人工授精師として計根別農業協同組合に入り、2016 年から営農部部長を務める

農家の困りごとを一手に引き受けるのが農協の仕事

――まずはＪＡけねべつについて簡単に教えてください。

金野智樹（以下、金野）ＪＡけねべつ（計根別《けねべつ》農業協同組合）は、中標津町と別海町にまたがる、東西約12キロメートル、南北約16キロメートルの地域の農家たちで作られる農協です。２０２２年現在、搾乳をしている酪農家は１２６軒あり、これらの酪農家からは年間9万トン以上の生乳が出荷されています。

――ありがとうございます。そもそも、農協というのは一体どのようなお仕事をされているところなのでしょうか？

金野「組合員である農家の仕事と生活を支えること」。一言でいえば、これが農協の仕事です。農家の仕事を支える農協の役割としては、まず農業に欠かせない肥料や燃油などを売る仕事があります。また、酪農家は毎日牛の面倒を見なくてはいけませんから、農家が自分で生乳を売りにいくことは簡単にできません。ですから、農家から生乳を集めてきて、農家に代わって販売することも大切な農協の仕事です。

仕事だけではなく、農家の生活を支えることも農協の大切な役割です。私は今、営農部という部署で部長を務めていますが、営農部はまさに仕事から生活まで、ありとあらゆる農家の困りごとを解決することを仕事にしています。もう少しわかりやすく言うと、農家の困りごとを一手に引き受ける「なんでも屋」といったところでしょうか（笑）。

――具体的には、どんな困りごとの相談を受けるのでしょうか？

金野　たとえば、2020年に新型コロナウイルス感染症の流行が拡大した時には、コロナに感染して牛の世話ができなくなった農家の牧場へ行って、牛舎の掃除はもちろん、食料品の買い出しなどもしました。

また以前は、農家の子育てに関するお悩みにも取り組

金野さん「離農対策も大切。いかに耕作放棄地を増やさないかを考えることも、私たちの大きな仕事です」

みました。新しく農家として地域に引っ越してきた方に小さなお子さんがいる場合、近くに頼れる親戚もいないので、仕事をしながら自分たちで子どもの面倒を見なくてはいけません。計根別には昔から幼稚園はあるのですが、幼稚園に入れるのは4歳からです。なので、0歳から3歳までの子どものお世話と仕事の両立が大変だと農家の方から相談があったのです。

そこで、私たちは幼稚園とは別に、0歳から3歳までのお子さんをお預かりできる施設を作れないかと考えました。実はその時、ちょうどほとんど使っていない建物を農協が持っていたので、その建物を農協が無料で町役場にお貸しして、町としてお子さんの一時預かり施設を作ることができました。

――すごい。本当に生活での困りごとを解決する「なんでも屋」ですね。

金野　もちろん、生活のことだけではなくて、この地域の農業をいかに盛り上げていくのかを考えることも、私たちの大切な仕事です。特に、日本の他の地域と同じように、この地域でも農家の高齢化などが進むにつれて、農家の数が減っています。ですから、新しく農家をやりたいという意欲を持った方に、うまく地域へ入ってきてもらえるようにサポートすることが、とても重要な仕事になっています。

牛飼いになるための研修・就農を徹底サポート

——新しく農家を始める方（新規就農者）の手助けをされているということですが、具体的にはどのような支援をされているのでしょうか？

金野　まず大切なのは、研修をしてもらうためのサポートです。酪農家という仕事は牛という生き物を相手にするということもあって、一般的なサラリーマンの仕事とは違った特徴があります。ですから、新しく農家を始めていただく前には、先輩農家の牧場や研修牧場で酪農家の仕事を勉強する必要があります。そこで、農協へ新規就農のご相談をいただいたら、私たちが地域の酪農家を紹介し、そこで研修をしてもらう。さらに研修が終わった後は、就農してもらえる土地や牛舎を私たちで手配する場合もあります。

JAけねべつでは新規就農者の方に体験を語っていただくサイトも作るなど、サポートに力を入れている

――牛を飼うために必要な技術を学べる機会を提供されているのですね。

金野 ただ、野菜や米などを育てる農業とは違い、酪農は牛舎の建物を持つことになるので、新規就農にはたくさんのお金が必要になります。もちろん、就農する前から貯金があって、牛舎ごと買い取れるのであれば問題ありませんが、それができる方は少数です。そこで、いきなり牛舎などを買い取ることができない新規就農者向けに、農協としても支援の仕組み*を整えています。

＊ＪＡけねべつの支援の仕組み…北海道では、北海道農業公社が新規就農者に5年間、農地や牛舎などを貸し、5年間が経った後に新規就農者が農地や牛舎を買い取ることができる。ただし、この農業公社の制度には、飼う牛の数などの条件があるため、小さい規模の酪農を始める場合は農協が農地や牛舎を貸し出す制度も重要になる。

――就農したい人にお金を貸す、というようなことでしょうか？

金野 それに近いですが、実際の仕組みはもう少し複雑です。就農したい人が農協からの支援を希望した場合は、まず農協が牛舎などを買い取り、それを新規就農者に貸し出します。そして、その後の数年間は酪農に集中してもらい、生乳を販売した収入などでお金に余裕が出てきた段階で、牛舎などを農協から買い取ってもらう。このような仕組みを準備して、新規就農者の方には利用してもらっています。
こうした仕組みの効果もあって、新規就農の数は順調に増えており、過去10年で合計18件の新規就農がありました。これは全国でもトップクラスに新規就農者が多い例だと思います。

農家は協調性が大切、そのチャレンジを応援します！

小林 **農協のサポートで着実に新規就農者は増えているということですね。ただ、逆に農業をやめる（離農する）農家もとても多いとのことでした。離農への対策としては、どのようなことに取り組まれているのでしょうか？**

金野 おっしゃるように、新規就農者に比べて離農する方の方がはるかに多く、２００９年からだけでも60戸以上の酪農家が離農しました。そして、離農対策として大切になるのが、それまでその酪農家が世話をしていた牧草地をどうするのか、という問題です。酪農家はたくさんの牧草地を持っていますから、多くの方が離農すると、世話をされない牧草地、いわゆる耕作放棄地*がどんどん増えてしまいます。ですから、新規就農のサポートと同時に、農家の数が減ってもいかに耕作放棄地を増やさないかを考えることも私たちの大きな仕事です。実は、2022年から23年にかけても、地域の中で3戸の酪農家が離農し、合計で150ヘクタールほどの牧草地が耕作放棄地になるおそれがありました。そこで私たちは、他の農家や隣の農協に牧草地を引き取ってもらうなどして、耕作放棄地を出さないように奔走し、結果的になんとか耕作放棄地が発生することは回避できました。

＊**耕作放棄地**…かつては農地として作物を育てていたが、農家の離農などによって作物が育てられなくなり、今後もその予定がない土地。農家の高齢化などによって全国各地で耕作放棄地は増加しており、それらを合計すると佐賀県や神奈川県と同じだけの広さになる。

桃　**新規就農のサポートをされている金野さんから、私のように、これから新しく酪農を始めたいという人にアドバイスを贈るとすると、どんな言葉をかけられますか？**

金野　まず強調しておきたいのは、新しく酪農を始めようと決意してくださったみなさんには感謝しかありません。そういう方がいるからこそ、地域の風景もコミュニティも将来に受け継いでいくことができます。

ただ、アドバイスを贈るとすれば、何か問題が起きたときに他人のせいにするような態度の人は酪農家に向いていません。酪農というのは決して一人でできるものではありません。エサの生産や生乳の流通などは、地域の農家の支え合いによって成り立っていますし、困ったときには農家同士の助け合いがとても大切になります。

そのことを痛感したのが、2018年9月に発生した胆振東部地震*でのことです。この地震では、北海道全域で電力の供給がストップする「ブラックアウト」と呼ばれる事態となり、計根別でも長い時間にわたり停電が続きました。酪農家にとって、停電は非常に深刻な問題です。電気がなければ、牛からの搾乳も、生乳の出荷もできません。そんなとき、自家発電機を持っている一部の農家は、他の農家をまわり、搾乳や出荷ができるように助けてくれたのです。困ったときに助け合うためには、お互いが日頃から協調性を持って行動することが欠かせません。ですから、新しく酪農を始めたいと考えている方にも、協調性を持つことだけは忘れずにチャレンジして欲しいと思います。そして、困ったときには私たち農協をぜひ頼ってください。

＊**胆振東部地震**…2018年9月6日に北海道の胆振地方で発生した地震。地震の規模を示すマグニチュードは6・7、最大で震度7を記録した。地震の影響で複数の発電所が停止したことで、北海道全域で長時間の停電が発生した。

取材を終えて見えてきた、「酪農家」への道！

取材を終えて、佐藤桃さんにその感想と、将来について語ってもらいました。

――「ベイリッチランドファーム（Interview ❶）」で印象に残ったことは何でしたか？

桃　「家族で経営できる職業」として、新たな視点で酪農という職業を考えることができました。私自身、親戚に農業者がいないこともあり、「家族という関係により、経営方針や仕事に妥協が生じるのではないか」「プライベートと仕事を混同してしまうのでは」など、どちらかというとマイナスのイメージも抱いていました。

しかし今回、牧場主の浦薫さんから「家族でやるから頑張れる」とのお話を聞き、私生活だけでなく仕事においても、家族という存在は大きいのだと感じました。息子の十夢さんのお話からも、子どもが両親の働く姿を見たり手伝ったりすることは、家族の繋がりを強くし、自ら家業を継ごうという考えに至るのではないかとも感じています。

——「石田牧場（Interview ❷）」では、牛の飼い方には正解がなく、牛の幸せを最大限に考える大切さについてのお話がありましたが、どう思われましたか？

桃　初代の石田幸也さんは、枝幸の景色を気に入ってこの土地で就農することを決めたと聞きました。また、息子の晃介さんは「自分の決めたルールで牛を健康に飼うことが酪農の楽しさ」であるとおっしゃっていました。飼養方法や生産量など、経営方針を自分で決めることができるのは、酪農の一つの魅力であると感じると同時に、難しいところでもあると思います。

それでも晃介さん、幸也さんはそれぞれ、自分の経営方針に自信を持って経営されているところが印象的でした。私も就農にあたっては、自分の考え方に責任と自信を持つことで、自分の考え方が反映されるような経営を行い、さらにそれを人に伝えられるような酪農をしたいと改めて感じました。

——「ノースプレインファーム（Interview ❸）」では、大黒宏さんの「牛1頭で成り立つ酪農」を目指したことをうかがいましたが、参考になりましたか？

桃　私自身、生産した畜産物を加工して販売したいという目標があるため、ノースプレインファームはロールモデルの一つです。経営していく上で、「誰をターゲットにするか」は、難しい課題だと感じました。観光客向けの価格では、地元の人は日常的に買いにくいのではと感じる一方、観光客をターゲットにすることで成り立つ経営もあります。大黒さんは興部町の地域振興にも関わっているということで、酪農や乳製品の生産を通して、地域を盛り上げていくことも可能だと感じました。酪農経営をしていく上で、自分自身が酪農を通して誰に何を伝えたいのかを明確にするべきだと改めて思います。

――「JAけねべつ（Interview❹）」のような、酪農家を支える立場の方にお話が聞けるのは、貴重な経験でしたね。

桃　JAの方に直接お話を聞く機会は今回が初めてで、「生産者を経済面で支える」視点から酪農という職業を見ることができました。金野智樹さんの所属する営農部門での多岐にわたる業務内容に驚きました。

また、JAけねべつでは農協独自のリースを行うことで、新規就農や現在の厳しい情勢に対応しているということでした。農協は全国一律の組織というイメージがあったのですが、地域色が強いことを初めて知りました。新規就農者に求めるものとして「協調性」が挙げられていましたが、私自身、酪農家は経営方針などを自分で選択できることを魅力に感じています。自分の考えを持ちつつ、加えて地域コミュニティとの関係を構築していくことが重要だと改めて感じました。

――取材を終えて、酪農家の夢は現実になりそうですか？

桃　酪農の現場を初めて見学したのは、北大入学後になります。北海道の酪農とは、やはり「放牧」のイメージが強かったのですが、「牛を牧草地に放しているだけ」というイメージでした。でも実際には、放牧は多くの知識や経験を必要とし、難しく奥の深い経営方法だと知りました。土地に合ったそれぞれの経営方法を考えることは、土地利用型の畜産における難しい面であると同時に、面白く興味深い面でもあると感じます。酪農経営の難しい面を知った一方で、より具体的に考えることができるようになり、就農の実現には近づくことができていると、実感しています。

あとがき――「わかるとかわる」。酪農家になりたい君へ

今から数年前、大学1年生を対象とした実習で農村に出向き、若手農業者と一緒に地域の将来について考えるワークショップをおこないました。ワークショップ最終日に学生一人一人に感想を言ってもらいましたが、そのうちの一人がこう言いました。「私は農家になりたい。でも高校の時の親にその話をしたら、反対をされてショックだった。今回、農家のひとと直接話すことができてやっぱり農家になりたいと思った。」ご両親はなぜ反対したのでしょうか。農家は大変、儲からないという親心か、または「普通の仕事」をして欲しいという思いからでしょうか。

食を支えている「農家」に感謝の気持ちを持っているひとは多いと思いますが、自分事として農家のことを考えることはほとんどないでしょう。あったとしてもさきほどの学生のご両親と同じ認識でしょうか。ましてや酪農と聞けば、毎日休みなく働くし、牛のふん尿も匂うし、牛は大きくて怖いし。確かに、生き物相手なので毎日働きますし、ふん尿は

匂います。ホルスタインは思っているよりも大きく迫力があり、足を踏まれたら怪我をします。

私も、草地に牧草の種を植えているとは思ってもいませんでしたし、牛が穀物を食べているということも知りませんでした。酪農は大変そうな仕事だというくらいの認識でした。ですが、偶然に同僚となった畜産研究者の三谷朋弘さん（北海道大学准教授）と一緒に、全道の酪農家のところにお邪魔して、色々なひととの出会いのなかで学び、わかるにつれて、酪農とはかくも複雑で、難しくて、豊かな世界なのだと知ることができました。この本で書いたことは、酪農について何も知らなかった私自身が、ひょんなことから酪農を研究テーマとして「与えられて」から、どのように「酪農」をみるようになっていったのかという変化の過程でもあるのです。

たとえば、ある牧場で話を聞いて、「なるほど、酪農とはこういうことか」とわかった気になります。ところがまた別の牧場で話を聞くと、前に聞いた話とはまったく別の考えで、それでも素晴らしい酪農をしているのです。そのくり返しの中で、少しずつ自分なりの「酪農とは何か」ということを形作ってきました。そして、少しずつわかってくることで「酪農の見方」がかわり、その新しい見方で改めて酪農をみると、そこにはまた違う世界が広がっていることに気付くのです。わかることで、見方が変わり、そして酪農に向き合う自分自身も変わっていきました。大げさではなく、色々な酪農家の人たちに出会うことで自分の生き方も変わったと言えると思います。

本書にも登場している「石田牧場（**Interview❷**）」の石田幸也さんが主催している、酪農家の交流会があります。酪農家だけではなく、「酪農家になりたい学生」たちも大勢参加している交流会では、牧場を訪れ、ベテランの酪農家たちが、新規参入をした酪農家たちと一緒に牧場のあれこれについて意見交換をおこないます。

それは正解を求める、正解を誰かが誰かに伝える、という場ではなく、それぞれが自分の「酪農」をどうみるのか、ということを「構築」していく場です。自分なりの酪農の「わかり方」をさぐり、そこから、自分の酪農を変えていこうとする機会です。

そして、交流会で交わされる酪農の話は、かならずと言っていいほど「生きる」という話になります。酪農家という生活と仕事が一体となった暮らしをしているから、そして生き物の生死に常に向き合っているからなのでしょうか。日々の営農の悩みを吐露するひと。

家族で酪農を行うことの意義を再確認するひと。そうした話を聞いて若い学生は時々「こんなに真剣に、熱く何かを語り合っている大人をいままで見たことがなかった」といいます。

その学生にとっては真剣に生きているひとに出会うことで、「生きる」ということを自分事として感じはじめているのかもしれません。

「酪農家になりたい君へ」というサブタイトルは、けっして、酪農家になりたいひとにだけ向けたものではありません。いずれは「なにもの」かになる全てのひとに、世界につながる糸口はどこにでもある、ということをわかってもらえたらうれしいです。酪農家になる、農家になるということは、決して、狭い世界に閉じこもることではないのです。

わかることは、かわることのきっかけです。わかることでまず変わるのは自分であり、変わった自分を通じて見える世界です。そして変わった自分の行動が、少しずつ世界も変えていくかもしれません。なぜなら、私たちの日常は、牛乳がそうであるように世界とつながっているからなのです。

２０２４年６月

小林国之

著者紹介

小林国之（こばやし・くにゆき）

1975年北海道生まれ。北海道大学大学院農学研究院准教授。北海道大学大学院農学研究科を修了の後、イギリス留学。助教を経て、2016年から現職。主な研究内容は、農業・農村振興に関する社会経済的研究として、新たな農村振興のためのネットワーク組織や協同組合などの非営利組織、新規参入者や農業後継者が地域社会に与える影響など。また、ヨーロッパの酪農・生乳流通や食を巡る問題に詳しい。

著書に、『農協と加工資本 ジャガイモをめぐる攻防』（日本経済評論社）、『北海道から農協改革を問う（北海道地域農業研究所学術叢書 17）』（筑波書房）などがある。

編集協力・写真提供 …… 柿本礼子、市村敏伸

デザイン …… しょうじまこと（ebitai design）、瀧下侑里

カバー画、漫画、本文イラスト …… 牛川いぬお

ハミダシ情報協力 ……

（那）那須美由紀さん 「酪農あるある」提供。牛やのかぁちゃん。北海道常呂町の酪農家で北海道指導農業士会理事。

（高）高田千鶴さん 「牛の撮影あるある」提供。牛専門の写真家として活躍中。
USHICAMERA：https://ushi-camera.com

（石）石田晃介さん 「放牧酪農あるある」提供。本書の実践編 **Interview ❷**に登場。

★かんがえるタネ★

牛乳から世界がかわる――酪農家になりたい君へ

2024年 9 月 5 日　第1刷発行
2025年 5 月30日　第3刷発行

著　者　小林 国之

発行所　一般社団法人　農山漁村文化協会
〒335-0022　埼玉県戸田市上戸田2丁目2-2

電　話　048(233)9351(営業)　048(233)9376(編集)

F A X　048(299)2812　振替00120-3-144478

U R L　https://www.ruralnet.or.jp/

ISBN978-4-540-24101-7
〈検印廃止〉

DTP制作／（株）農文協プロダクション　印刷／（株）新協　製本／根本製本（株）
定価はカバーに表示
乱丁・落丁本はお取り替えいたします。